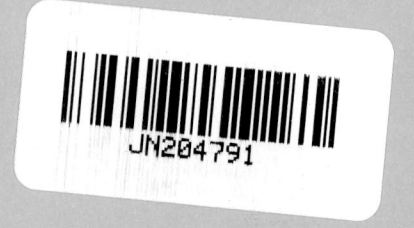

理系アタマがぐんぐん育つ

科学のトビラを開く！

実験・観察大図鑑《じっけん・かんさつだいずかん》

DK | Penguin Random House

Japanese translation rights arranged with
Dorling Kindersley Limited,London
through Fortuna Co., Ltd. Tokyo.

For sale in Japanese territory only.

Printed and bound in China

A WORLD OF IDEAS: SEE ALL THERE IS TO KNOW
www.dk.com

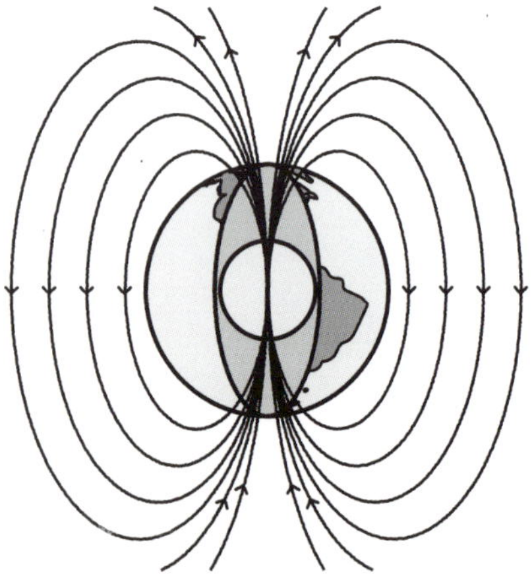

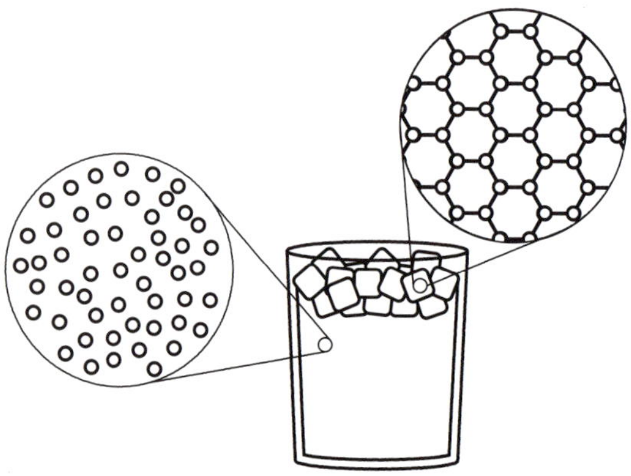

理系アタマがぐんぐん育つ

科学のトビラを開く！
実験・観察
大図鑑《じっけん・かんさつだいずかん》

ロバート・ウィンストン 著／西川由紀子 訳

DK

もくじ

はじめに

庭《にわ》、バルコニー、公園《こうえん》、森《もり》の中《なか》……外《そと》の世界《せかい》は、実験《じっけん》をして、科学《かがく》を探求《たんきゅう》するのにもってこいの場所《ばしょ》なんだ。この本《ほん》で紹介《しょうかい》する実験《じっけん》は、ぼくたちの身《み》のまわりに目《め》を向《む》けたものばかり。自分《じぶん》でやってみることで、自然《しぜん》や科学《かがく》のしくみをより深《ふか》く理解《りかい》できるようになるよ。

自然界《しぜんかい》から学《まな》べることは山《やま》のようにあるから、この本《ほん》をおともにいろいろ挑戦《ちょうせん》してみて! 水《みず》の動《うご》きやはたらきがわかる実験《じっけん》、天気《てんき》を観測《かんそく》したり記録《きろく》したりする実験《じっけん》、植物《しょくぶつ》の成長《せいちょう》や動物《どうぶつ》の行動《こうどう》にくわしくなれる実験《じっけん》、いろいろあるよ。

実験《じっけん》や観察《かんさつ》はとっても楽《たの》しいけど、安全《あんぜん》には気《き》をつけてね。危険《きけん》ではないけれど、大人《おとな》の人《ひと》に手伝《てつだ》ってもらった方《ほう》がいいものもあるからね。よい結果《けっか》を出《だ》すには、ぼくたち科学者《かがくしゃ》がしていることを心《こころ》がけるといいよ。それは、正確《せいかく》に作業《さぎょう》するってこと。まっすぐに線《せん》を引《ひ》く、角度《かくど》を正《ただ》しく測《はか》る、長《なが》さや重《おも》さをきっちり測《はか》る。数字《すうじ》や線《せん》の数《かず》も正《ただ》しいか確認《かくにん》しなくちゃいけないよ。科学《かがく》では正確《せいかく》さがとっても大切《たいせつ》なん

だ。そうすることではじめて、何《なに》がどれだけ変化《へんか》したのか、大《おお》きくなったのか減《へ》ったのかがわかるからね。

それに、ちょっとずつアレンジしてみることも大切《たいせつ》! たとえ実験《じっけん》がうまくいかなくても心配《しんぱい》いらない。そんなときこそ、科学《かがく》をより深《ふか》く学《まな》べるチャンスなんだから。やり方《かた》を少《すこ》し変《か》えて、再《さい》チャレンジしてみて!

この本《ほん》を思《おも》いっきり楽《たの》しんでくれるとうれしいな。ぼくも自分《じぶん》でいろんな実験《じっけん》や観察《かんさつ》をするうちに科学者《かがくしゃ》になりたいって思《おも》うようになったんだ。家《いえ》の庭《にわ》で実験《じっけん》していた7才《さい》のころと変《か》わらず、今《いま》でも科学《かがく》にワクワクしてるよ!

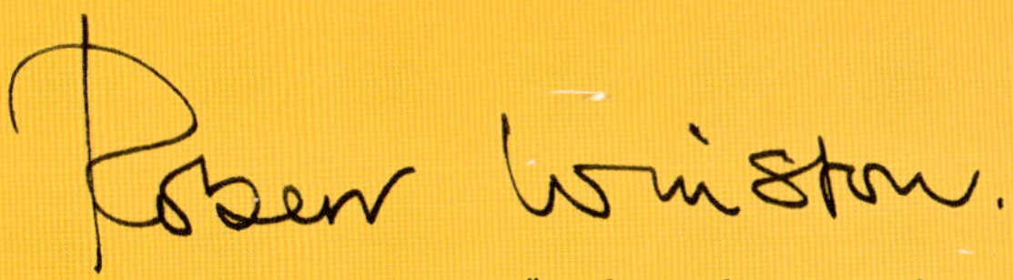

ロバート・ウィンストン

*この本《ほん》で紹介《しょうかい》する実験《じっけん》では、使用《しよう》する植物《しょくぶつ》の種類《しゅるい》や地域《ちいき》・気候《きこう》によって、実験《じっけん》に必要《ひつよう》な時間《じかん》や実験結果《じっけんけっか》に違《ちが》いが出《で》ることがあります。

自然《しぜん》を観察《かんさつ》しよう

科学《かがく》を学《まな》ぶ大《おお》きな魅力《みりょく》の1つは、生《い》き物《もの》についてより深《ふか》く理解《りかい》できるようになること。この章《しょう》では、土《つち》を使《つか》わずに植物《しょくぶつ》を育《そだ》てられる装置《そうち》や、土《つち》に還《かえ》る苗木《なえぎ》ポットなどを作《つく》ります。動物《どうぶつ》のこともよく学《まな》べるよう、蝶《ちょう》を集《あつ》めたりミミズを観察《かんさつ》したり、野生《やせい》の動物《どうぶつ》を間近《まぢか》で観察《かんさつ》できる潜望鏡《せんぼうきょう》の作《つく》り方《かた》も紹介《しょうかい》しよう。段《だん》ボールを使《つか》って育《そだ》てる菌糸体《きんしたい》でキノコの研究《けんきゅう》もできるんだ。

鳥《とり》や動物《どうぶつ》は人間《にんげん》に気《き》づくと
身《み》を隠《かく》そうとするけど、
潜望鏡《せんぼうきょう》を使《つか》えば
そばまで近寄《ちかよ》れる

動物《どうぶつ》スパイ活動《かつどう》！

野生《やせい》の鳥《とり》や動物《どうぶつ》を観察《かんさつ》してみたことはある？ 気《き》づかれないように見《み》るのってすごく難《むずか》しいよね！ きみが見《み》てるってことは、向《む》こうもきみに気《き》づいているだろうから。多《おお》くの動物《どうぶつ》は人間《にんげん》に気《き》づくと逃《に》げてしまうしね。そんなときに役《やく》に立《た》つのが潜望鏡《せんぼうきょう》。動物《どうぶつ》のそばに近寄《ちかよ》って物《もの》かげから観察《かんさつ》できるんだ。草《くさ》が生《お》いしげった場所《ばしょ》や倒《たお》れた木《き》に隠《かく》れて、動物《どうぶつ》たちをじっくり観察《かんさつ》してみよう。

跳《は》ね返《かえ》る光《ひかり》

潜望鏡《せんぼうきょう》の内側《うちがわ》には上部《じょうぶ》と底部《ていぶ》の２か所《しょ》にミラーを取《と》りつけ、動物《どうぶつ》の方角《ほうがく》から入《はい》ってくる光《ひかり》の向《む》きを変《か》えます。そうすることで、動物《どうぶつ》のすぐ近《ちか》くからでも姿《すがた》を見《み》られることなく観察《かんさつ》できるのです。

この口《くち》から
光《ひかり》が入《はい》ってくる
まわりになじむ色《いろ》を塗《ぬ》り、
カモフラージュさせよう

動物《どうぶつ》スパイ活動《かつどう》！ の作《つく》り方《かた》

この実験《じっけん》では測《はか》ったり切《き》ったりする作業《さぎょう》がたくさんあるけど、じっくり丁寧《ていねい》にやれば、屋外《おくがい》で何度《なんど》も使《つか》える丈夫《じょうぶ》な潜望鏡《せんぼうきょう》が作《つく》れるよ。色塗《いろぬ》りは必須《ひっす》ではないけど、カモフラージュさせた方《ほう》が動物《どうぶつ》に気《き》づかれにくくなるんだ。

時間《じかん》

1時間《じかん》＋絵《え》の具《ぐ》の乾燥時間《かんそうじかん》

難易度《なんいど》

☆☆☆

準備《じゅんび》するもの

両面《りょうめん》テープ
段《だん》ボール（大《だい》）
ものさし
えんぴつ
ミラー
2枚《まい》
（7cm x 7cm）
段《だん》ボール（小《しょう》）
はさみ
絵《え》の具《ぐ》
絵筆《えふで》
マスキングテープ
粘着《ねんちゃく》テープ

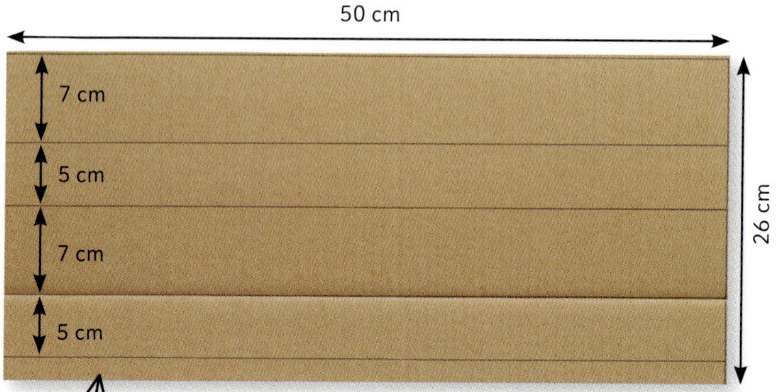
50 cm
7 cm
5 cm
7 cm
5 cm
26 cm
いちばん下《した》は
縦《たて》 2cm の
細長《ほそなが》い長方形《ちょうほうけい》

1 ものさしを使《つか》って、段《だん》ボール（大《だい》）に上《うえ》の図《ず》のような長方形《ちょうほうけい》を書《か》き入《い》れ、カットします。横幅《よこはば》は 50cm です。いちばん下《した》の細長《ほそなが》い長方形《ちょうほうけい》は、筒《つつ》を組《く》み立《た》てるときに貼《は》り合《あ》わせる部分《ぶぶん》になります。

このしるしで本体《ほんたい》を
3 つのパーツに分《わ》ける
10 cm
10 cm

2 段《だん》ボールの両端《りょうたん》から 10cm のところに、上《うえ》に 2 か所《しょ》、下《した》に 2 か所《しょ》、全部《ぜんぶ》で 4 つのしるしをえんぴつで書《か》き入《い》れます。

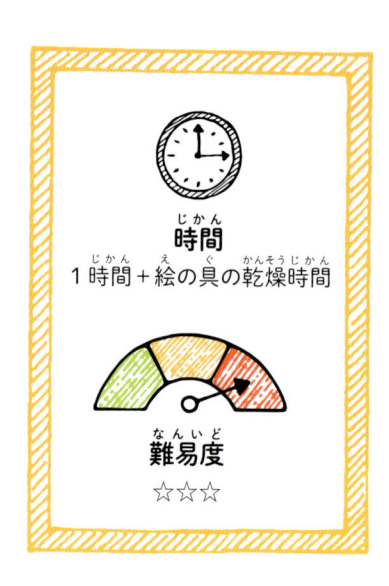

3 右《みぎ》の図《ず》のように、上《うえ》と下《した》のしるしを結《むす》ぶ点線《てんせん》を書《か》き入《い》れます。ものさしを使《つか》ってまっすぐになるようにね。点線《てんせん》の位置《いち》はとても重要《じゅうよう》なので、大人《おとな》の人《ひと》に手伝《てつだ》ってもらいましょう。

この点線《てんせん》は
上《うえ》から２つの
長方形《ちょうほうけい》にだけ
入《い》れる
この点線《てんせん》は
下《した》から４つの
長方形《ちょうほうけい》にだけ入《い》れる
この点線《てんせん》は
下《した》から２つの
長方形《ちょうほうけい》にだけ入《い》れる

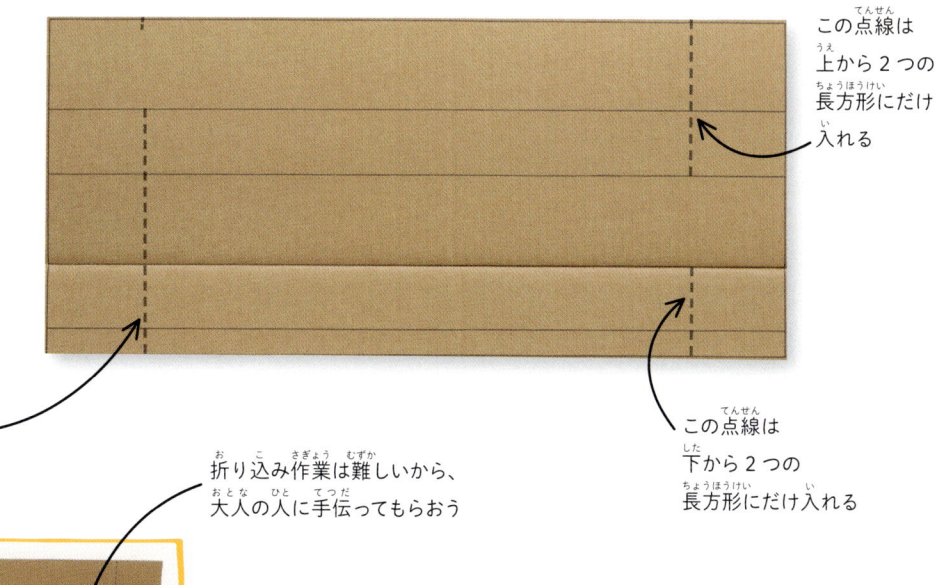

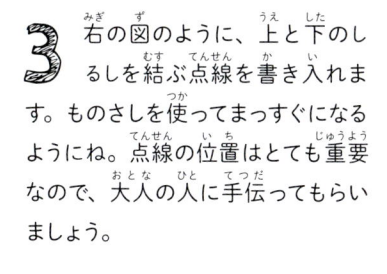

折《お》り込《こ》み作業《さぎょう》は難《むずか》しいから、
大人《おとな》の人《ひと》に手伝《てつだ》ってもらおう

4 はさみの刃《は》とものさしを使《つか》ってすべての横線《よこせん》に折《お》り目《め》をつけ、内側《うちがわ》に折《お》り込《こ》みます。

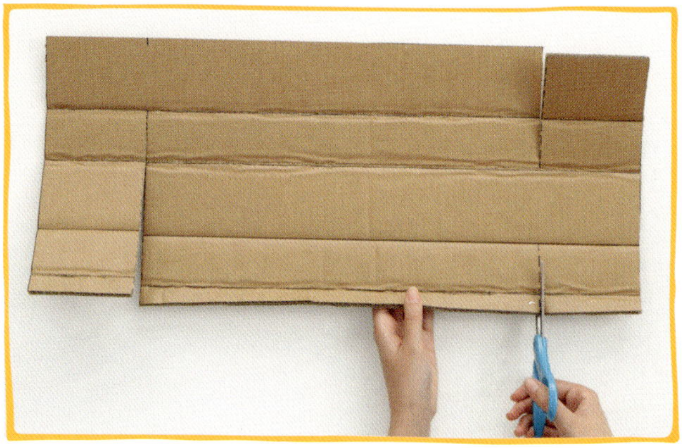

5 手順《てじゅん》３で書《か》き入《い》れた点線《てんせん》に、はさみで切《き》り込《こ》みを入《い》れます。切《き》り落《お》としてしまわないように注意《ちゅうい》してね。

はく離紙《りし》をはがすと、
粘着面《ねんちゃくめん》があらわれる

6 いちばん下《した》の貼《は》り合《あ》わせ部分《ぶぶん》（３つすべて）に両面《りょうめん》テープを貼《は》り、はく離紙《りし》をはがします。

7 段《だん》ボールを折《お》り曲《ま》げて筒状《つつじょう》にし、両面《りょうめん》テープを貼《は》った部分《ぶぶん》をくっつけます。

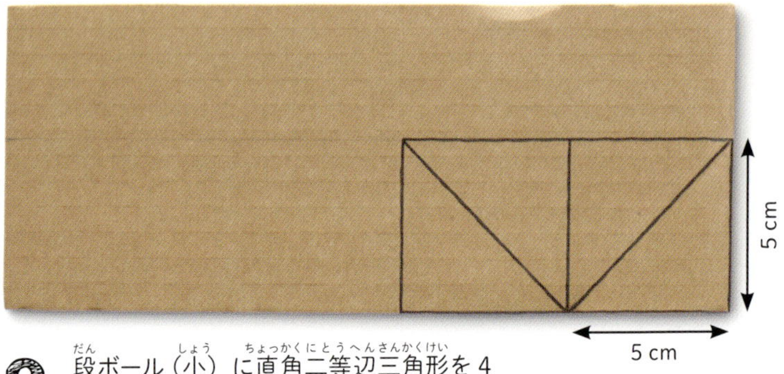

8 段《だん》ボール（小《しょう》）に直角《ちょっかく》二等辺《にとうへん》三角形《さんかくけい》を 4 つ書《か》き入《い》れます。直角《ちょっかく》をはさむ 2 つの辺《へん》は 5cm にします。

9 4 つの三角形《さんかくけい》を丁寧《ていねい》に切《き》り取《と》ります。これらの三角形《さんかくけい》は、潜望鏡《せんぼうきょう》の内側《うちがわ》に取《と》りつける 2 枚《まい》のミラーを支《ささ》えるのに使《つか》います。

すき間《ま》ができないように
テープを貼《は》る

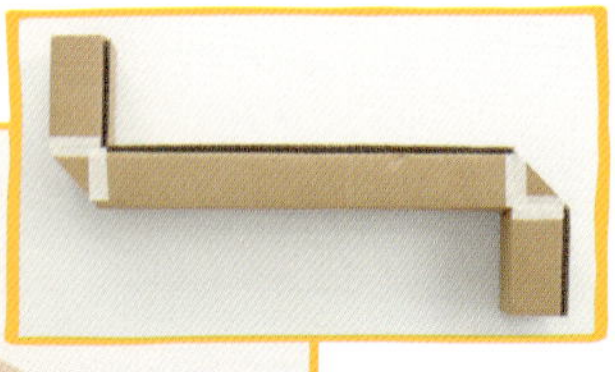

10 4 つの三角形《さんかくけい》を潜望鏡《せんぼうきょう》の長《なが》い部分《ぶぶん》の両端《りょうたん》にマスキングテープで貼《は》り、開口部《かいこうぶ》（窓《まど》の部分《ぶぶん》）が四角形《しかくけい》になるようにします。

11 開口部《かいこうぶ》の 1 つにミラーの反射面《はんしゃめん》を内向《うちむ》きにして取《と》りつけます。反対側《はんたいがわ》の開口部《かいこうぶ》も同様《どうよう》に。ミラーを 45 度《ど》で取《と》りつけると、潜望鏡《せんぼうきょう》が正《ただ》しく機能《きのう》するよ。

両側《りょうがわ》の開口部《かいこうぶ》に
ミラーをぴったり
合《あ》わせる

12 粘着《ねんちゃく》テープでミラーを本体《ほんたい》に固定《こてい》します。反対側《はんたいがわ》も同様《どうよう》に。

13 本体《ほんたい》に色《いろ》を塗《ぬ》り、乾《かわ》かします。

14 余《あま》っている段《だん》ボールを細長《ほそなが》く切《き》り取《と》り、草《くさ》に見《み》えるように緑色《みどりいろ》に塗《ぬ》ります。

15 両面《りょうめん》テープを小《ちい》さく切《き》り、草《くさ》の下《した》の方《ほう》に貼《は》ります。はく離紙《りし》をはがし、本体《ほんたい》に草《くさ》を貼《は》りつけます。

どうしてこうなるの?

何《なに》か物体《ぶったい》が見《み》えるのは、その対象物《たいしょうぶつ》から届《とど》く光《ひかり》が目《め》に入《はい》ってくるということ。コンピューター画面《がめん》など、それ自体《じたい》が光《ひかり》を発《はっ》する物体《ぶったい》もあるけど、ほとんどの物体《ぶったい》は太陽《たいよう》などほかのところから届《とど》く光《ひかり》を反射《はんしゃ》させています。どちらにしても、物体《ぶったい》から届《とど》く光《ひかり》はまっすぐ目《め》に届《とど》くので、通常《つうじょう》はその物体《ぶったい》を直接《ちょくせつ》まっすぐ見《み》る必要《ひつよう》があります。でも、潜望鏡《せんぼうきょう》は内側《うちがわ》にミラーを取《と》りつけることで、物体《ぶったい》から届《とど》く光《ひかり》の方向《ほうこう》を変《か》えられるので、直接見《ちょくせつみ》えない対象物《たいしょうぶつ》を見《み》ることができるのです。

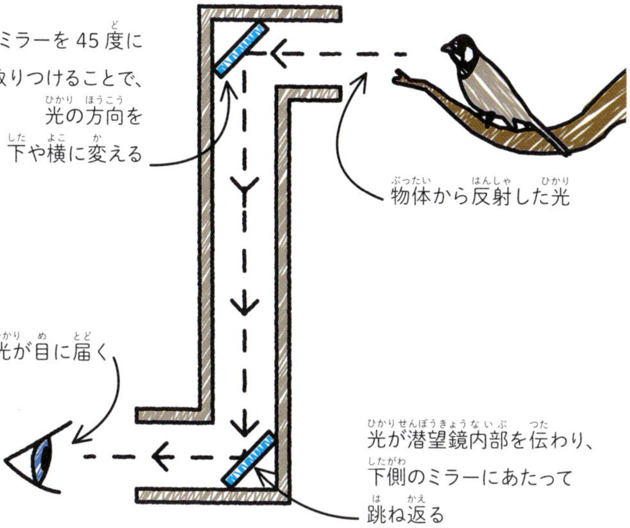
2枚《まい》のミラーを45度《ど》に
取《と》りつけることで、
光《ひかり》の方向《ほうこう》を
下《した》や横《よこ》に変《か》える
物体《ぶったい》から反射《はんしゃ》した光《ひかり》
光《ひかり》が目《め》に届《とど》く
光《ひかり》が潜望鏡内部《せんぼうきょうないぶ》を伝《つた》わり、
下側《したがわ》のミラーにあたって
跳《は》ね返《かえ》る

現実世界《げんじつせかい》では?

水中《すいちゅう》の視界《しかい》

長《なが》い間《あいだ》、潜望鏡《せんぼうきょう》は潜水艦《せんすいかん》に装備《そうび》され、水中《すいちゅう》から水上《すいじょう》の様子《ようす》を知《し》るのに使《つか》われていました。内部《ないぶ》レンズで画像《がぞう》を拡大《かくだい》できるなど、今回作《こんかいつく》ったものよりはるかに高度《こうど》な構造《こうぞう》だけどね。現代《げんだい》の潜水艦《せんすいかん》は、潜望鏡《せんぼうきょう》ではなく外部《がいぶ》にカメラを取《と》りつけて、艦内《かんない》のスクリーンに画像《がぞう》を映《うつ》しています。

木《き》の枝先《えださき》など高《たか》いところにぶら下《さ》げる
紙《かみ》コップにオレンジジュースを入《い》れる

甘《あま》いごほうび

きみの家《いえ》のまわりにはどんな種類《しゅるい》の蝶《ちょう》が飛《と》んでいるかな？ 集《あつ》まってきた蝶《ちょう》の種類《しゅるい》について本《ほん》やインターネットで調《しら》べてみて。科学者《かがくしゃ》によると、どの大陸《たいりく》にも（南極大陸以外《なんきょくたいりくいがい》）約《やく》15,000種類《しゅるい》もの蝶《ちょう》がいるんだって！

集《あつ》まれ！ちょうちょ

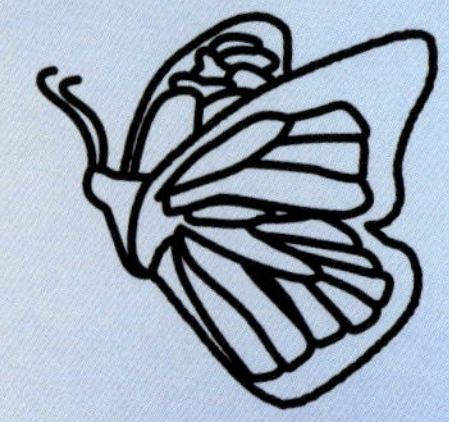

蝶《ちょう》はハチと同《おな》じくらい植物《しょくぶつ》にとって大切《たいせつ》な存在《そんざい》。蝶《ちょう》が花《はな》に受粉《じゅふん》するおかげで、果物《くだもの》や種子《しゅし》が実《み》を結《むす》ぶんだからね。蝶《ちょう》を集《あつ》めるこの餌入《えさい》れの作《つく》り方《かた》はとても簡単《かんたん》。庭《にわ》やベランダ、近所《きんじょ》の公園《こうえん》に設置《せっち》して、蝶《ちょう》を呼《よ》び寄《よ》せてみよう。

集《あつ》まれ！ちょうちょ の作《つく》り方《かた》

花《はな》のように明《あか》るくカラフルな見《み》た目《め》にすると、蝶《ちょう》が集《あつ》まってきやすいよ。小《ちい》さく切《き》ったキッチンスポンジを紙《かみ》コップの中《なか》に入《い》れ、オレンジジュースを染《し》み込《こ》ませます。蝶《ちょう》は甘《あま》い味《あじ》が大好《だいす》きだからね。この装置《そうち》を木《き》にぶら下《さ》げて、お腹《なか》をすかせた蝶《ちょう》が集《あつ》まるのを待《ま》ってみよう！

時間《じかん》
20分《ぷん》

難易度《なんいど》
☆☆

準備《じゅんび》するもの

ひも
接着《せっちゃく》パテ
両面《りょうめん》テープ
オレンジジュース
はさみ
えんぴつ
紙《かみ》コップ
平《ひら》たいキッチンスポンジ
色《いろ》つきのビニール袋《ぶくろ》

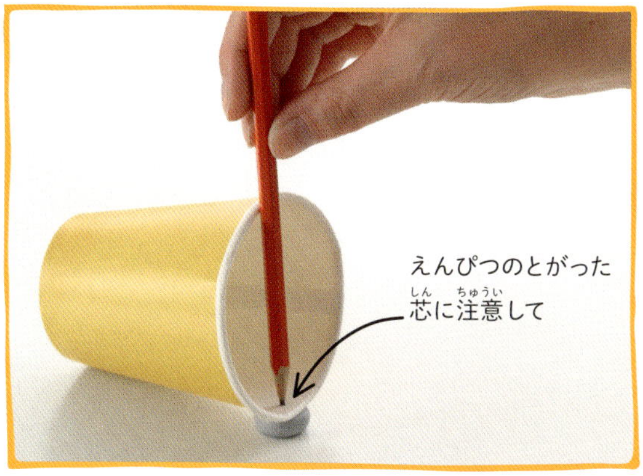
えんぴつのとがった芯《しん》に注意《ちゅうい》して

1 紙《かみ》コップの両側《りょうがわ》に、えんぴつの先《さき》で穴《あな》を 2 つあけます。接着《せっちゃく》パテを敷《し》いて、机《つくえ》を傷《きず》つけないように。

2 ひもを 30 ～ 40cm の長《なが》さに切《き》り、コップの 2 つの穴《あな》に通《とお》します。ひもの端《はし》をそれぞれ結《むす》び、コップの取《と》っ手《て》にします。

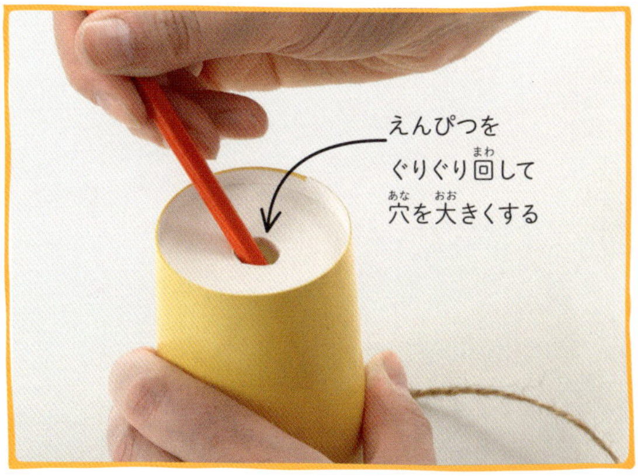
えんぴつをぐりぐり回《まわ》して穴《あな》を大《おお》きくする

3 紙《かみ》コップの底《そこ》の中心《ちゅうしん》に、えんぴつの先《さき》で直径《ちょっけい》およそ 1cm の穴《あな》をあけます。

4 キッチンスポンジから一辺《いっぺん》が約《やく》 2cm の正方形《せいほうけい》を切《き》り取《と》ります。

コップの底《そこ》から
少《すこ》しスポンジが
はみ出《で》る

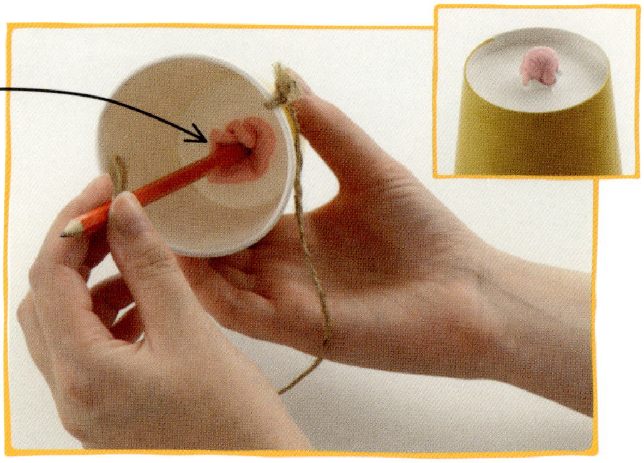

5 えんぴつの削《けず》っていない側《がわ》の端《はし》を使《つか》って、スポンジをコップの底《そこ》の穴《あな》に押《お》し込《こ》みます。

花《はな》はどんな
かたちでもいいよ

6 ビニール袋《ぶくろ》にコップの底《そこ》より大《おお》きな花《はな》のかたちを描《えが》き、切《き》り取《と》ります。花《はな》の中心《ちゅうしん》には、突《つ》き出《だ》したスポンジより少《すこ》しだけ大《おお》きな穴《あな》をあけます。

7 両面《りょうめん》テープを小《ちい》さく切《き》って紙《かみ》コップの底《そこ》に貼《は》り、はく離紙《りし》をはがします。

花《はな》をしっかり
固定《こてい》して
落《お》ちないように

8 紙《かみ》コップの底《そこ》に花《はな》を貼《は》りつけます。あとは、とても大切《たいせつ》な材料《ざいりょう》、オレンジジュースを入《い》れるだけ！

9 屋外《おくがい》または台所《だいどころ》の流《なが》しで、オレンジジュースを少《すこ》しコップに注《そそ》いだら、餌《えさい》入れを木《き》の枝《えだ》にぶら下《さ》げます。お腹《なか》をすかせた蝶《ちょう》がやってくるかな？

こんなアレンジも！

花《はな》の種類《しゅるい》を変《か》えると、集《あつ》まる蝶《ちょう》の種類《しゅるい》も違《ちが》ってくるかもしれないよ。レジ袋《ぶくろ》の色《いろ》や花《はな》のかたちをアレンジしてみよう。どの花《はな》にどんな蝶《ちょう》が集《あつ》まりやすいかな？ ジュースの味《あじ》を変《か》えてみるとどうだろう。蝶《ちょう》が集《あつ》まりやすいジュースがあるのかな？ それぞれの装置《そうち》に集《あつ》まる蝶《ちょう》の種類《しゅるい》を記録《きろく》して、パターンを見《み》つけてみよう！

花《はな》のかたちを変《か》えると蝶《ちょう》の種類《しゅるい》も変《か》わるかな？

どうしてこうなるの？

ビニール袋《ぶくろ》で作《つく》った花《はな》を取《と》りつけると蝶《ちょう》がこの装置《そうち》に気《き》づきやすくなるけど、ほとんどは飾《かざ》り目的《もくてき》なんだ。蝶《ちょう》が本当《ほんとう》に狙《ねら》っているのはスポンジからしたたり落《お》ちる甘《あま》いジュースだからね。蝶《ちょう》は足《あし》に味覚器官《みかくきかん》がついているので、安全《あんぜん》に食事《しょくじ》できる花《はな》かどうかをすぐに感知《かんち》できます。おいしい蜜《みつ》だとわかると、頭部《とうぶ》の前面《ぜんめん》でまるまっている管《くだ》「口吻《こうふん》」を長《なが》く伸《の》ばして蜜《みつ》を吸《す》います。

蝶《ちょう》の口吻《こうふん》は、ほとんどはまるまった状態《じょうたい》

食《た》べたり飲《の》んだりするときだけ口吻《こうふん》を伸《の》ばす

現実世界《げんじつせかい》では？

蝶《ちょう》の子孫《しそん》

蝶《ちょう》が植物《しょくぶつ》の蜜《みつ》を吸《す》うのは、自分《じぶん》だけでなく子《こ》である青虫《あおむし》のためでもあるんだ。蝶《ちょう》はおいしい植物《しょくぶつ》を見《み》つけるとそこに卵《たまご》を産《う》み、卵《たまご》から孵化《ふか》した青虫《あおむし》はすぐにその植物《しょくぶつ》をむしゃむしゃ食《た》べ始《はじ》め、数週間《すうしゅうかん》ほどで生《う》まれたときの何倍《なんばい》もの大《おお》きさに成長《せいちょう》します。やがて植物《しょくぶつ》に付着《ふちゃく》してサナギになり、さらに数週間《すうしゅうかん》経《た》つとサナギから蝶《ちょう》になります。

葉《は》の上《うえ》に卵《たまご》が産《う》みつけられるので、孵化《ふか》した青虫《あおむし》はすぐに葉《は》を食《た》べ始《はじ》められる

ミミズは砂《すな》と土《つち》の層《そう》に
穴《あな》を掘《ほ》りながら進《すす》む
砂《すな》と土《つち》を湿《しめ》らせる。
ミミズも人間《にんげん》と同《おな》じで
水分《すいぶん》が必要《ひつよう》だからね！

ミミズハウス

ミミズは目《め》も足《あし》も骨《ほね》もないのに、ものすごくはたらき者《もの》なんだ。土《つち》を激《はげ》しくかき回《まわ》して空気《くうき》や水分《すいぶん》を取《と》り込《こ》む、植物廃棄物《しょくぶつはいきぶつ》を食《た》べて自分《じぶん》の糞《ふん》で土壌《どじょう》を肥《こ》やす……土《つち》づくりには申《もう》し分《ぶん》ない存在《そんざい》なのです。この実験《じっけん》ではミミズハウス（ミミズの生息地《せいそくち》）を作《つく》り、ミミズについて研究《けんきゅう》します。毎日《まいにち》欠《か》かさず観察《かんさつ》すると、ミミズがいかにはたらき者《もの》かがわかるよ！

ミミズは暗《くら》いところが好《す》き。
カバーをかぶせて
光《ひかり》を遮断《しゃだん》しよう！

体《からだ》をくねくね

ミミズは地表《ちひょう》の有機物《ゆうきぶつ》を引《ひ》きずり込《こ》みながら土《つち》をひっくり返《かえ》します。長《なが》いからだに沿《そ》ってついた筋肉《きんにく》を波打《なみう》たせることで、自分《じぶん》のからだを土《つち》の中《なか》へ押《お》し込《こ》んでいくのです。

ミミズハウスの作《つく》り方《かた》

実験《じっけん》を始《はじ》める前《まえ》にミミズを探《さが》しましょう。おうちに庭《にわ》があれば、雨降《あめふ》りのあとなんかに見《み》つけられるかもね。庭《にわ》がなくても、ペットショップ、園芸《えんげい》センター、インターネットなどで買《か》えるよ。生《い》き物《もの》なのでそっと扱《あつか》ってあげてね。光《ひかり》に弱《よわ》いので、ミミズハウスにはなるべく光《ひかり》が入《はい》らないようにしよう。

時間《じかん》
30分《ぷん》＋絵《え》の具《ぐ》の乾燥時間《かんそうじかん》

難易度《なんいど》
☆☆

準備《じゅんび》するもの

ミミズとミミズのエサ（葉《は》や草《くさ》）も準備《じゅんび》してね！

絵筆《えふで》
サインペン
はさみ
絵《え》の具《ぐ》
ビニールテープ
砂《すな》
土《つち》
濃《こ》い色《いろ》の画用紙《がようし》（A3 サイズ）
ペットボトル（大《だい》）
植木鉢《うえきばち》
植木鉢《うえきばち》の皿《さら》

1 まずは植木鉢《うえきばち》に色《いろ》を塗《ぬ》ります。写真《しゃしん》では緑《みどり》と黄色《きいろ》を使《つか》っていますが、好《す》きな色《いろ》で模様《もよう》をつけてね。

この画用紙《がようし》は最後《さいご》に使《つか》うよ

2 ペットボトルに画用紙《がようし》を巻《ま》き、上辺《じょうへん》と下辺《かへん》に沿《そ》ってサインペンで線《せん》を引《ひ》きます。

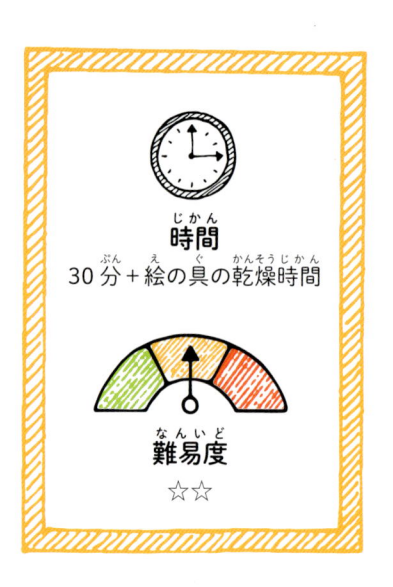

切《き》るときは
大人《おとな》の人《ひと》に
手伝《てつだ》ってもらおう

切《き》り離《はな》した
ボトルの口《くち》と底《そこ》は
リサイクルに
出《だ》そう

3 書《か》き入《い》れた線《せん》に沿《そ》って、はさみでペットボトルを切《き》ります。上下《じょうげ》を切《き》り取《と》った円柱《えんちゅう》ができました。

4 両端《りょうたん》の切《き》り口《くち》にビニールテープをぐるっと一周《いっしゅう》貼《は》ります。

5 円柱《えんちゅう》を植木鉢《うえきばち》の中《なか》に立《た》てます。鉢《はち》の底《そこ》、円柱《えんちゅう》の外側《そとがわ》に土《つち》を入《い》れて円柱《えんちゅう》を固定《こてい》します。この実験《じっけん》で土《つち》、草《くさ》、葉《は》を触《さわ》ったら、必《かなら》ず手《て》を洗《あら》ってね。

円柱《えんちゅう》の上端《じょうたん》から
2～3cm のところまで
土《つち》と砂《すな》を交互《こうご》に入《い》れる

6 円柱《えんちゅう》の中《なか》に土《つち》と砂《すな》を交互《こうご》に重《かさ》ねていきます。土《つち》の層《そう》は砂《すな》の層《そう》より分厚《ぶあつ》くしてね！ ミミズには水分《すいぶん》が必要《ひつよう》なので、水《みず》を吹《ふ》きかけて土《つち》を湿《しめ》らせます。これでミミズハウスはほぼ完成《かんせい》。

7 ミミズのエサになる草《くさ》や葉《は》を円柱《えんちゅう》のいちばん上《うえ》に置《お》きます。

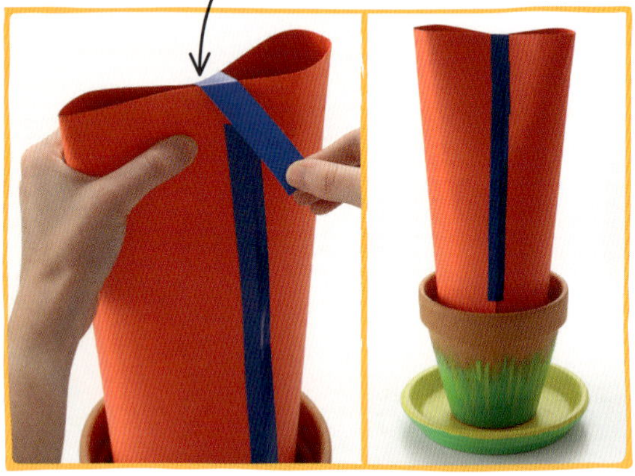
テープでカバーの上《うえ》を閉《と》じる

8 暗《くら》くないとミミズは活動《かつどう》しません。観察《かんさつ》しやすいようミミズには壁《かべ》ぎわまで出《で》てきてほしいので、円柱《えんちゅう》を画用紙《がようし》で覆《おお》い、テープで固定《こてい》します。

9 では、ミミズを入《い》れましょう！ 濡《ぬ》れた手《て》で慎重《しんちょう》に扱《あつか》ってね。ミミズ４～５匹《ひき》を草《くさ》の上《うえ》に置《お》いたら、円柱《えんちゅう》に画用紙《がようし》カバーをかぶせます。日《ひ》かげの涼《すず》しい場所《ばしょ》に置《お》き、毎日観察《まいにちかんさつ》しましょう。2～3日経《にちた》って観察《かんさつ》が終《お》わったら、ミミズを野外《やがい》に放《はな》し、ミミズハウスの中身《なかみ》を花壇《かだん》に移《うつ》します。

ミミズを触《さわ》るときは
濡《ぬ》れた手《て》で。
強《つよ》く握《にぎ》らないように！
ミミズが草《くさ》や葉《は》を引《ひ》きずって土《つち》の中《なか》にもぐっていく

こんなアレンジも!

大《おお》きいプラスチックの箱《はこ》で大型《おおがた》ミミズハウスを作《つく》って、ミミズに生《なま》ごみをリサイクルしてもらおう。屋外《おくがい》の日《ひ》かげの涼《すず》しい場所《ばしょ》に置《お》き、空気《くうき》を取《と》り込《こ》めるよう箱《はこ》に穴《あな》をあける、または箱《はこ》のフタを開《あ》けたままにしておきます。この中《なか》に野菜《やさい》の皮《かわ》、卵《たまご》の殻《から》などの生《なま》ごみを入《い》れます。肉《にく》やチーズなど脂肪分《しぼうぶん》の多《おお》い食《た》べ物《もの》は入《い》れないでね。しばらくそのまま置《お》いておきます。数週間《すうしゅうかん》〜数《すう》か月《げつ》でミミズが生《なま》ゴミを消化《しょうか》してしまうよ。肥沃《ひよく》な堆肥《たいひ》ができているので、植木鉢《うえきばち》や庭《にわ》で使《つか》ってみて。

どうしてこうなるの?

ミミズを土《つち》に入《い》れるとすぐにはたらき始《はじ》め、土《つち》と砂《すな》の層《そう》に穴《あな》を掘《ほ》るようにもぐっていきます。数日《すうじつ》すると、土《つち》を食《た》べたミミズが肛門《こうもん》から出《だ》す糞《ふん》により土《つち》が肥沃《ひよく》になっていきます。土《つち》の中《なか》で動《うご》きやすいよう、ミミズはからだの表皮《ひょうひ》から「粘液《ねんえき》」というぬるぬるした液体《えきたい》を分泌《ぶんぴつ》し、「腎管《じんかん》」と呼《よ》ばれる対《つい》になった小《ちい》さな穴《あな》から老廃物《ろうはいぶつ》を出《だ》します(おしっこと同《おな》じ)。

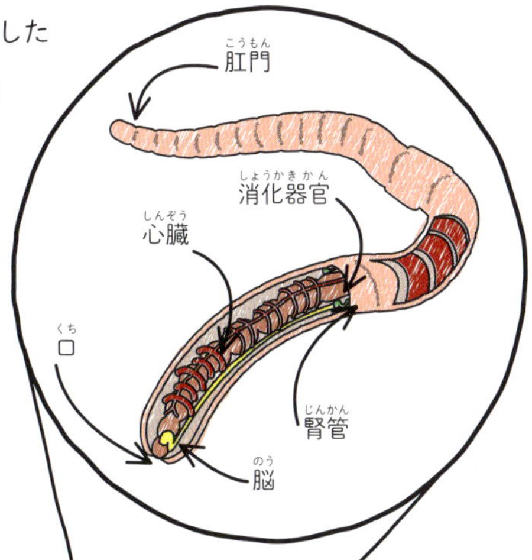

現実世界《げんじつせかい》では?

堆肥《たいひ》

園芸家《えんげいか》はミミズを有効活用《ゆうこうかつよう》して堆肥《たいひ》づくりをしています。野菜《やさい》の皮《かわ》、枯《か》れ葉《は》、刈《か》り取《と》った草《くさ》などの植物《しょくぶつ》廃棄物《はいきぶつ》を土《つち》に入《い》れると、ミミズはそれらを地中《ちちゅう》に引《ひ》きずり込《こ》み、細《こま》かく刻《きざ》んで一部《いちぶ》を食《た》べ、土《つち》と混《ま》ぜ合《あ》わせてくれるから。土《つち》にミミズを入《い》れることで、植 物廃棄物《しょくぶつはいきぶつ》を肥《こ》えた堆肥《たいひ》に変《か》えられるのです。

驚《おどろ》き根《ね》っこパワー

土《つち》は植物《しょくぶつ》を育《そだ》てる場《ば》であるだけでなく、植物《しょくぶつ》に必要《ひつよう》な栄養素《えいようそ》や水分《すいぶん》を保《たも》つはたらきもしています。人間《にんげん》にとっても土《つち》はとても大切《たいせつ》。生《い》きていくには植物《しょくぶつ》が必要《ひつよう》だからね。植物《しょくぶつ》は酸素《さんそ》や食《た》べ物《もの》を生《う》み出《だ》すだけでなく、住《す》まい、衣服《いふく》、薬《くすり》を作《つく》るのにも使《つか》われているね。この実験《じっけん》では、植物《しょくぶつ》で保護《ほご》されていない土《つち》がいかに雨《あめ》で流《なが》されやすく、環境《かんきょう》にダメージを与《あた》えるかがわかります。植物《しょくぶつ》は生《い》きていくのに土《つち》を頼《たよ》りにしながら、土《つち》をしっかり守《まも》ってもいるんだよ。

濁《にご》る水《みず》と透明《とうめい》の水《みず》

草《くさ》のない土《つち》から流《なが》れ出《で》る左《ひだり》の水《みず》は土《つち》を侵食《しんしょく》する（取《と》り去《さ》る）のでかなり濁《にご》り、落《お》ち葉《ば》や枯《か》れた植物《しょくぶつ》などが土《つち》を保護《ほご》する真《ま》ん中《なか》の水《みず》は少《すこ》しだけ濁《にご》ります。植物《しょくぶつ》の根《ね》が土《つち》を固定《こてい》している右《みぎ》の水《みず》はほぼ透明《とうめい》です。

岩石《がんせき》が細《こま》かく砕《くだ》かれてできた
泥《どろ》に、枯《か》れ葉《は》や生《い》き物《もの》の
死骸《しがい》が混《ま》じった土《つち》
草《くさ》の根《ね》が
土《つち》をしっかり
固定《こてい》している
ほとんど土《つち》は流《なが》れ
出《で》ないので透明《とうめい》

驚《おどろ》き根《ね》っこパワー の作《つく》り方《かた》

このドラマチックな実験《じっけん》、やり方《かた》は簡単《かんたん》だけど、ちょっと根気《こんき》がいるんだ。実験《じっけん》の1週間前《しゅうかんまえ》には準備《じゅんび》を始《はじ》めて、1本《ぽん》のボトルで草《くさ》を育《そだ》てないといけないからね。実験《じっけん》はなるべく屋外《おくがい》で行《おこな》いましょう。

時間《じかん》
30分《ぷん》＋草《くさ》の成長時間《せいちょうじかん》

難易度《なんいど》
☆☆

準備《じゅんび》するもの

プラスチックカップ
3個《こ》
サインペン
えんぴつ
ひも
接着《せっちゃく》パテ
水《みず》を入《い》れたじょうろ
草《くさ》の種《たね》（芝《しば》など）
はさみ
落《お》ち葉《ば》や枯《か》れ草《くさ》
ペットボトル（大《だい》）3本《ぼん》
土《つち》

まっすぐな
線《せん》を引《ひ》くのが
難《むずか》しければ、
ものさしを使《つか》おう

1 1本《ぽん》のペットボトルにサインペンで大《おお》きい長方形《ちょうほうけい》を書《か》きます。土《つち》を入《い》れて水《みず》をあげるのに十分《じゅうぶん》な大《おお》きさにしてね。

2 線《せん》に沿《そ》ってはさみを入《い》れ、長方形《ちょうほうけい》を切《き》り取《と》ります。難《むずか》しければ大人《おとな》の人《ひと》に手伝《てつだ》ってもらってね。切《き》り取《と》った部分《ぶぶん》はリサイクルに出《だ》します。

3 ほかの2本《ほん》のペットボトルも同《おな》じように切《き》り取《と》ります。同《おな》じかたちのペットボトルが3本準備《ぼんじゅんび》できました。

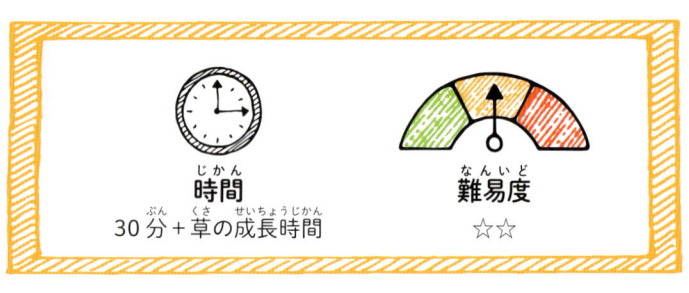

4 1本《ぽん》のペットボトルに土《つち》を入《い》れます。ボトルの口《くち》部分《ぶぶん》より少《すこ》し下《した》、2～3cm の深《ふか》さまで入《い》れてください。

5 土《つち》の上《うえ》に草《くさ》の種《たね》をまきます。

土《つち》が水浸《みずびた》しにならないように！

6 じょうろで水《みず》をあげます。目安《めやす》は土《つち》が湿《しめ》るくらい。

7 日当《ひあ》たりが良《よ》く、冷《ひ》えすぎない場所《ばしょ》にボトルを置《お》きます。土《つち》が乾燥《かんそう》しないよう、毎日《まいにち》、少《すこ》しずつ水《みず》をあげてね。1週間《しゅうかん》ほど（種《たね》の種類《しゅるい》や気候《きこう》によって異《こと》なるよ）で草《くさ》が伸《の》びてきます。

8 草《くさ》が十分《じゅうぶん》伸《の》びたら、残《のこ》りの2本《ほん》のペットボトルの準備《じゅんび》を始《はじ》めましょう。1本目《ぽんめ》と同《おな》じくらいの土《つち》を入《い》れます。

落《お》ち葉《ば》、わら、枯《か》れ草《くさ》、小枝《こえだ》などを敷《し》きつめる

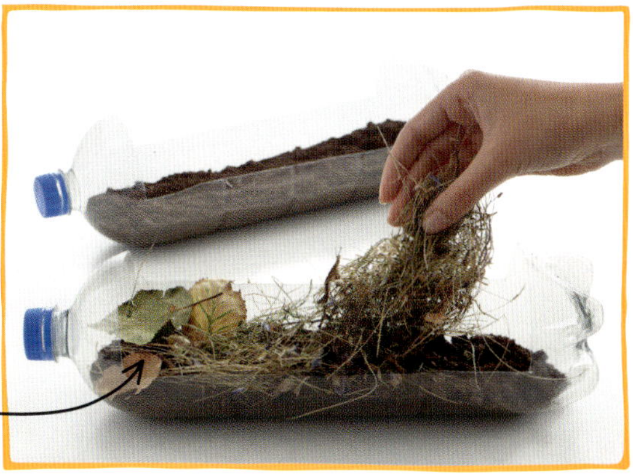

9 1本《ぽん》は土《つち》だけ、もう1本《ぽん》には土《つち》の上《うえ》に落《お》ち葉《ば》や枯《か》れ草《くさ》を敷《し》きつめます。

やりにくいので、
大人《おとな》の人《ひと》に
手伝《てつだ》ってもらってね

10 つぎに、ミニバケツを３つ作《つく》りましょう。プラスチックカップの上《うえ》の方《ほう》に、とがらせたえんぴつの先《さき》で穴《あな》を向《む》かい合《あ》わせで２つあけます。机《つくえ》を傷《きず》つけないよう、接着《せっちゃく》パテの上《うえ》で作業《さぎょう》してね。

11 長《なが》さ約《やく》20cm に切《き》ったひもを３本用意《ぼんようい》します。ひもの片端《かたはし》をカップの穴《あな》に通《とお》し、カップの内側《うちがわ》で結《むす》び、抜《ぬ》けないようにします。反対側《はんたいがわ》の穴《あな》にも同《おな》じようにひもを通《とお》して結《むす》び、カップの持《も》ち手《て》にします。

12 ほかの２つのカップにも同《おな》じように持《も》ち手《て》をつけます。水《みず》をいっぱい入《い》れても壊《こわ》れないくらい丈夫《じょうぶ》にしてね。

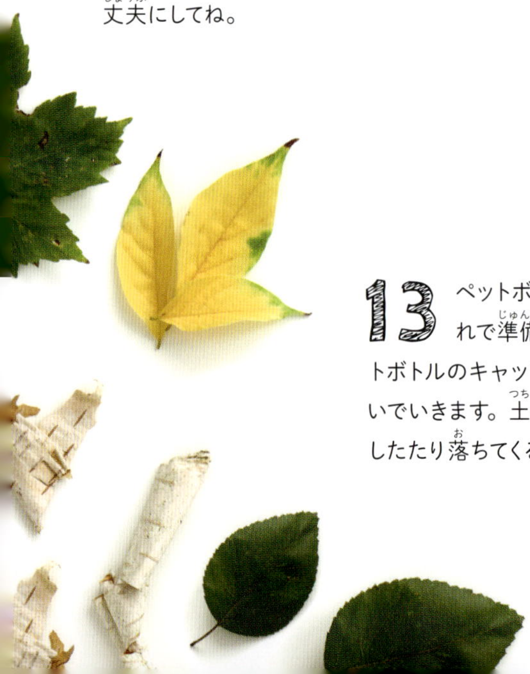

13 ペットボトルの首《くび》からミニバケツをぶら下《さ》げます。これで準備完了《じゅんびかんりょう》！ 実験《じっけん》は屋外《おくがい》で行《おこな》いましょう。ペットボトルのキャップを外《はず》し、３つのボトルにゆっくりと水《みず》を注《そそ》いでいきます。土《つち》の間《あいだ》をちょろちょろ流《なが》れる水《みず》がミニバケツにしたたり落《お》ちてくるよ。

どうしてこうなるの?

植物《しょくぶつ》が生《い》きのびるために根《ね》っこはとても大切《たいせつ》です。地中深《ちちゅうふか》くに伸《の》びて水《みず》を吸《す》い、管《くだ》を通《とお》して地上《ちじょう》の茎《くき》や葉《は》に水《みず》を届《とど》けてくれるからね。根《ね》っこのかたちは細《ほそ》い繊維状《せんいじょう》のものから茎《くき》のように太《ふと》いものまでいろいろです。繊維状《せんいじょう》の根《ね》は地中《ちちゅう》でいろんな方向《ほうこう》に伸《の》び、クモの巣《す》のようにからまり合《あ》って土《つち》をしっかり固定《こてい》します。だから、草《くさ》を植《う》えたボトルから流《なが》れ出《で》る水《みず》はほぼ透明《とうめい》なのです。

実験後《じっけんご》、草《くさ》を引《ひ》っ張《ぱ》るようにして
土《つち》を持《も》ち上《あ》げると、根《ね》っこが
土《つち》を固定《こてい》しているのがよくわかる

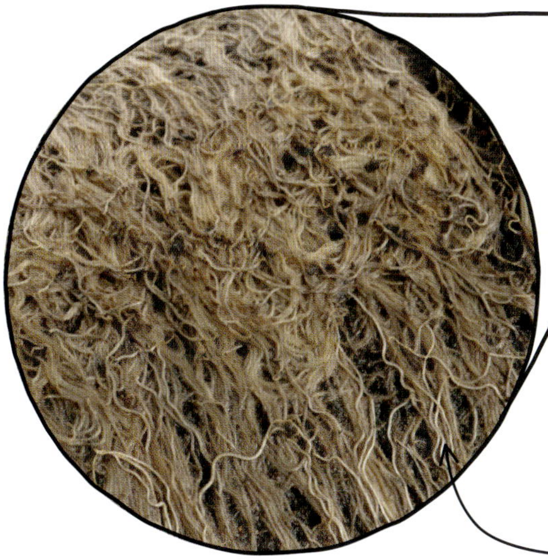

たくさんの細《こま》かい根《ね》が
からまり合《あ》って、
土《つち》の侵食《しんしょく》を防《ふせ》ぐ

草《くさ》を植《う》えた土《つち》を
ぎゅっと絞《しぼ》ると、
たくさんの水《みず》が出《で》てくるよ!

現実世界《げんじつせかい》では?

土壌侵食《どじょうしんしょく》

激《はげ》しい雨《あめ》が降《ふ》ると、保護《ほご》されていない土壌《どじょう》は押《お》し流《なが》され、植物《しょくぶつ》に必要《ひつよう》な栄養素《えいようそ》とともに流《なが》れ出《だ》してしまいます。左《ひだり》の衛星写真《えいせいしゃしん》のように、川《かわ》に流《なが》れ込《こ》んだ土壌《どじょう》は魚《さかな》や野生生物《やせいせいぶつ》に害《がい》を及《およ》ぼす恐《おそ》れがあります。川岸《かわぎし》や土手《どて》に草木《くさき》を植《う》えておくと、土壌侵食《どじょうしんしょく》を防《ふせ》ぎ、きれいな川《かわ》を維持《いじ》できます。農家《のうか》の人《ひと》は根覆《ねおお》い(土《つち》を覆《おお》う枯《か》れ葉《は》など)を使《つか》ったり、植物《しょくぶつ》を植《う》えることで、作物《さくもつ》や家畜《かちく》にとって大切《たいせつ》な土壌《どじょう》を守《まも》っています。

土《つち》なしプランター

長期《ちょうき》の宇宙《うちゅう》ミッションに出《で》ることになったけど、宇宙船《うちゅうせん》には庭《にわ》がない。さて、どうやって植物《しょくぶつ》を育《そだ》てようか？ 実《じつ》はね、「水耕《すいこう》栽培《さいばい》」という技術《ぎじゅつ》を使《つか》えば、土《つち》がなくても植物《しょくぶつ》を育《そだ》てられるんだ。さっそく試《ため》してみよう！

水分《すいぶん》を吸《す》い上《あ》げる

この実験《じっけん》では土《つち》を使《つか》わず、湿《しめ》らせた脱脂綿《だっしめん》で豆《まめ》の苗《なえ》を育《そだ》てます。成長《せいちょう》するにつれ、植物《しょくぶつ》の根《ね》が水《みず》を求《もと》めて下方向《したほうこう》に伸《の》びます。強《つよ》く健全《けんぜん》に育《そだ》てるには栄養分《えいようぶん》を追加《ついか》した方《ほう》がいいけど、光《ひかり》と水《みず》だけでも成長《せいちょう》はスタートするよ。

葉《は》っぱは
成長《せいちょう》に必要《ひつよう》な
光《ひかり》を求《もと》めて
上《うえ》へ伸《の》びる
根《ね》は水《みず》を求《もと》めて
下《した》へ伸《の》びる
250 ml
200
150

土《つち》なしプランターの作《つく》り方《かた》

土《つち》なしプランターは、ほぼ家《いえ》にあるものばかりで簡単《かんたん》に作《つく》れます。豆《まめ》の種《たね》が発芽《はつが》する（根《ね》っこと芽《め》が生《は》える）のに2～3日《にち》、小《ちい》さな苗《なえ》になるまでに1～2週間《しゅうかん》（種《たね》の種類《しゅるい》や気候《きこう》によって変《か》わるよ）かかります。

時間《じかん》
30分《ぷん》＋植物《しょくぶつ》の成長時間《せいちょうじかん》

難易度《なんいど》
☆☆

準備《じゅんび》するもの

粘土《ねんど》
（濡《ぬ》れても溶《と》けないもの）
ひも（凧糸《たこいと》など）
はさみ
竹串《たけぐし》
豆《まめ》の種《たね》（インゲンなど）
脱脂綿《だっしめん》ボール
ペットボトル（大《だい》）
カップ1杯《ぱい》の水《みず》

1 ペットボトルの高《たか》さと同《おな》じ長《なが》さのひもを5本用意《ほんようい》します。4本《ほん》は水《みず》に浸《ひた》して植物《しょくぶつ》に水《みず》を届《とど》けるのに使《つか》い、残《のこ》りの1本《ぽん》は竹串《たけぐし》をまとめて植物《しょくぶつ》を支《ささ》える三脚《さんきゃく》に使《つか》います。

大人《おとな》の人《ひと》に
手伝《てつだ》ってもらってね

2 ペットボトルの真《ま》ん中《なか》を5cm幅《はば》で切《き》り落《お》とします。この実験《じっけん》で使《つか》うのは口部分《くちぶぶん》と底部分《そこぶぶん》だけ。切《き》り落《お》とした真《ま》ん中部分《なかぶぶん》はリサイクルに出《だ》します。

3 ボトルの口《くち》を逆《さか》さまにして底《そこ》にはめ込《こ》みます。これが種《たね》を植《う》える土台《どだい》となり、水《みず》の蒸発《じょうはつ》も防《ふせ》ぎます。

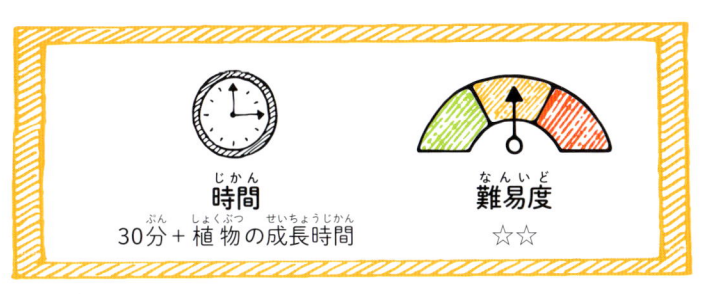

4 ボトルの口《くち》の下《した》あたりまで水《みず》を入《い》れます。水《みず》の深《ふか》さは約《やく》10cm です。

ひもを伝《つた》って
種《たね》まで水《みず》が届《とど》く

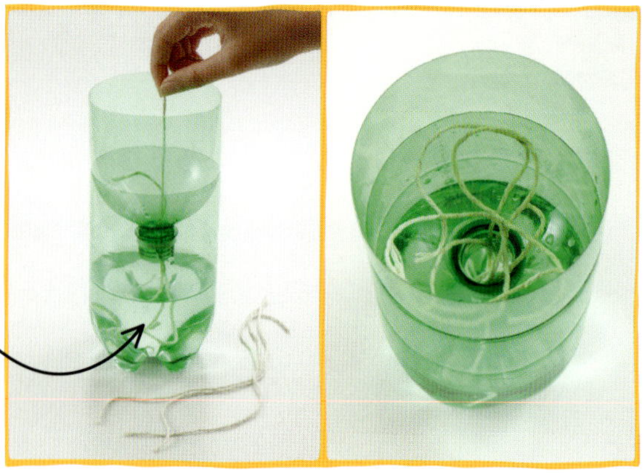

5 ボトルの口《くち》から 4 本《ほん》のひもを垂《た》らします。上部《じょうぶ》に数《すう》cm 残《のこ》しておきます。

6 脱脂綿《だっしめん》ボールをいくつか置《お》き、その上《うえ》に豆《まめ》の種《たね》をまきます。

7 植物《しょくぶつ》の茎《くき》を支《ささ》える三脚《さんきゃく》を作《つく》ります。粘土《ねんど》のかたまりに竹串《たけぐし》のとがった先《さき》を刺《さ》します。

8 3 本《ぼん》の竹串《たけぐし》を粘土側《ねんどがわ》を下《した》にして立《た》て、上《うえ》の方《ほう》を束《たば》ねてひもで結《むす》びます。

9 三脚《さんきゃく》を脱脂綿《だっしめん》ボールの上《うえ》に立《た》て、プランターを明《あか》るい場所《ばしょ》に置《お》きます。

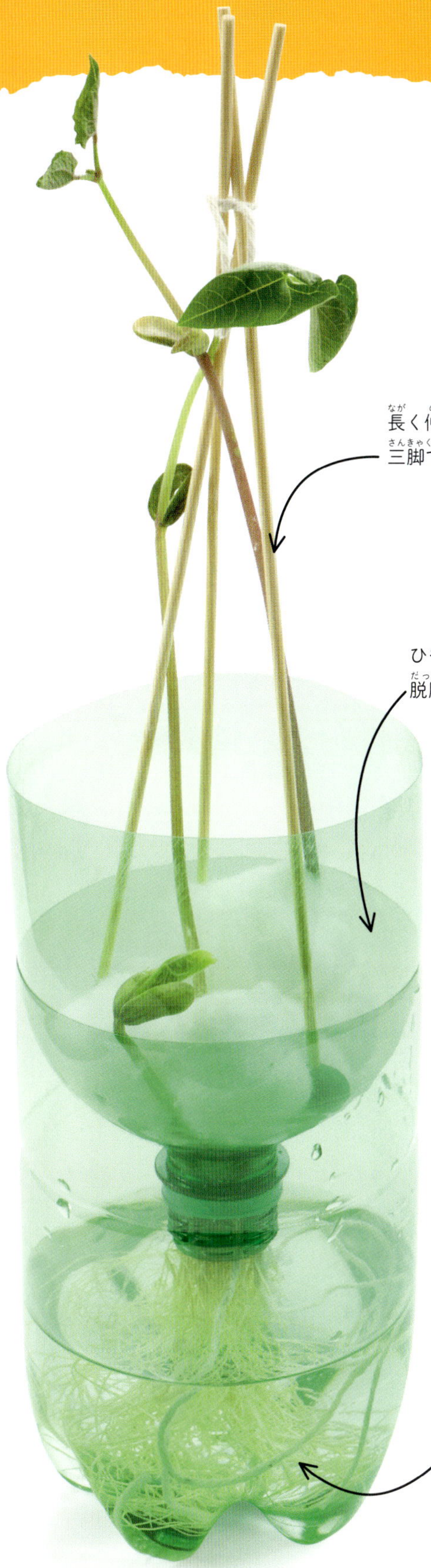
長《なが》く伸《の》びる茎《くき》を
三脚《さんきゃく》で支《ささ》える
ひもを伝《つた》ってくる水《みず》で
脱脂綿《だっしめん》が湿《しめ》る
根《ね》っこは
1～2週間《しゅうかん》ほどで
水《みず》に浸《つ》かるくらい
伸《の》びる

10 約《やく》2～3日《にち》で発芽《はつが》が始《はじ》まります。2～3週間《しゅうかん》すると、大《おお》きくなった植物《しょくぶつ》を土《つち》の入《はい》った鉢《はち》に植《う》え替《か》える、または大人《おとな》の人《ひと》にサポートしてもらいながら水《みず》に肥料《ひりょう》を足《た》し、植物《しょくぶつ》をさらに成長《せいちょう》させよう。

どうしてこうなるの？

プランターの底《そこ》に入《い》れた水《みず》がひもを伝《つた》って脱脂綿《だっしめん》を湿《しめ》らせます。種《たね》がその水分《すいぶん》を吸《す》い、根《ね》っこと芽《め》が出《で》てきます。土《つち》がなくても、水《みず》、空気《くうき》、光《ひかり》があれば植物《しょくぶつ》は育《そだ》つのです。根《ね》っこに含《ふく》まれる「オーキシン」という植物《しょくぶつ》ホルモンは、植物《しょくぶつ》の成長《せいちょう》を促《うなが》します。オーキシンは、重力《じゅうりょく》がかかる根《ね》っこの下側《したがわ》にとくに多《おお》く含《ふく》まれるので、根《ね》っこの下側《したがわ》の成長《せいちょう》が早《はや》まるのです。

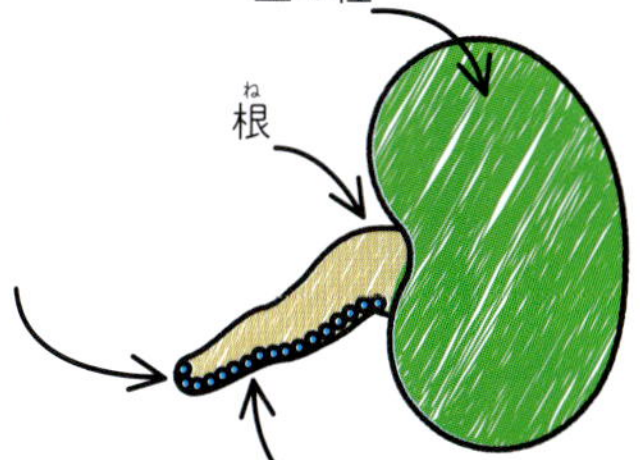
豆《まめ》の種《たね》
根《ね》
重力《じゅうりょく》がかかるため
根《ね》の下側《したがわ》に多《おお》くの
オーキシンが集《あつ》まり、
下側《したがわ》がより早《はや》く伸《の》びる
オーキシン

まっすぐ下《した》に伸《の》び始《はじ》めると
根《ね》の両側《りょうがわ》のオーキシン量《りょう》は同《おな》じになり、
根《ね》はさらにまっすぐ下《した》へ伸《の》びる

現実世界《げんじつせかい》では？

アクアポニックス

水耕用《すいこうよう》タンクで育《そだ》てる植物《しょくぶつ》には、早《はや》く健《すこ》やかに成長《せいちょう》させるため、通常《つうじょう》は土《つち》に含《ふく》まれる栄養分《えいようぶん》を水《みず》に含《ふく》ませて与《あた》えます。水耕栽培《すいこうさいばい》のひとつ「アクアポニックス」では、タンク内《ない》に放《はな》した魚《さかな》の排《はい》せつ物《ぶつ》が植物《しょくぶつ》の栄養分《えいようぶん》になります。魚《さかな》が植物《しょくぶつ》に食《た》べ物《もの》を提供《ていきょう》し、植物《しょくぶつ》は魚《さかな》のために水《みず》をろ過《か》するのです。

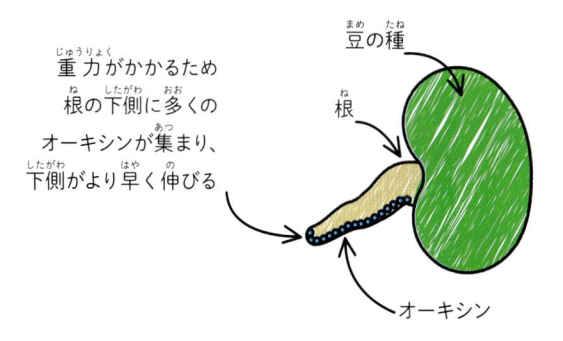

土《つち》に還《かえ》る 苗木《なえぎ》ポット

ガーデニング好《ず》きな人《ひと》たちは、苗木《なえぎ》ポットを使《つか》って種《たね》を植《う》え、芽《め》を出《だ》したばかりの小《ちい》さな植物《しょくぶつ》を守《まも》ります。これから作《つく》る苗木《なえぎ》ポットは、紙《かみ》を破《やぶ》いてドロドロにしたものをプラスチックの鉢《はち》に巻《ま》いてかたちを整《ととの》えます。紙《かみ》が乾《かわ》ききったら種《たね》を植《う》え、成長《せいちょう》を観察《かんさつ》しよう！

紙製《かみせい》ポット

紙製《かみせい》の苗木《なえぎ》ポットは土《つち》に埋《う》めて使《つか》うのにもってこい。土《つち》に害《がい》をもたらすことなく分解《ぶんかい》されるからね！

ポットは土《つち》の中《なか》で、害《がい》を与《あた》えることなく分解《ぶんかい》される
色《いろ》は使《つか》う紙《かみ》の色《いろ》で決《き》まるよ！

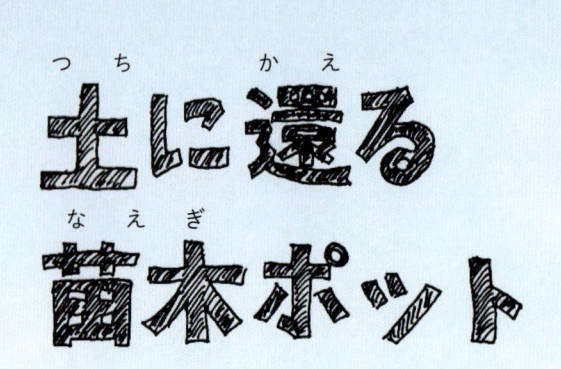

土《つち》に還《かえ》る苗木《なえぎ》ポットの作《つく》り方《かた》

この実験《じっけん》では、使用済《しようず》みの紙《かみ》から「パルプ」というドロドロのかたまりを作《つく》り、植木鉢《うえきばち》のかたちにして乾燥《かんそう》させます。写真《しゃしん》では色《いろ》画用紙《がようし》を使《つか》っているけど、古新聞《ふるしんぶん》などどんな種類《しゅるい》の紙《かみ》でも大丈夫《だいじょうぶ》だよ。完全《かんぜん》に乾《かわ》くとポットのかたちのまま保《たも》たれます。これを地中《ちちゅう》に埋《う》めると、土《つち》に害《がい》を与《あた》えることなく分解《ぶんかい》されます。

時間《じかん》
30分《ぷん》＋乾燥《かんそう》に24時間《じかん》

難易度《なんいど》
☆☆

準備《じゅんび》するもの

小麦粉《こむぎこ》1/2カップ

土《つち》

カップ
1杯《ぱい》の水《みず》

プラスチックの
植木鉢《うえきばち》

植物《しょくぶつ》の種《たね》

ガラスボウル

色画用紙《いろがようし》2枚《まい》
（A3サイズ）

水《みず》を入《い》れた
じょうろ

皿《さら》

1 2枚《まい》の画用紙《がようし》を幅《はば》1cmくらいに細長《ほそなが》く破《やぶ》ります。さらにちぎって小《ちい》さな四角形《しかくけい》にし、ボウルに入《い》れます。

2 ボウルに水《みず》を入《い》れます。紙《かみ》がしっかり湿《しめ》るくらいが目安《めやす》。水《みず》の入《い》れすぎに注意《ちゅうい》してね。

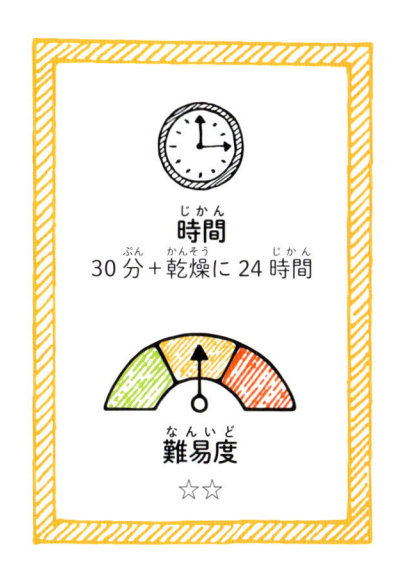

3 ふやけた紙《かみ》をかたまりで取《と》り出《だ》し、手《て》でぎゅっと絞《しぼ》って押《お》しつぶします。紙《かみ》がドロドロになるまで何度《なんど》もくり返《かえ》します。

小麦粉《こむぎこ》の量《りょう》を変《か》えると
ポットの仕《し》上《あ》がりは
どう変《か》わるかな？

4 ボウルに小麦粉《こむぎこ》を入《い》れます。押《お》しつぶすようにかき混《ま》ぜて、ドロドロの紙《かみ》と小麦粉《こむぎこ》をしっかり混《ま》ぜ合《あ》わせてね！

紙《かみ》の主成分《しゅせいぶん》
「**セルロース**」は
植物《しょくぶつ》に含《ふく》まれる
強《つよ》い繊維状《せんいじょう》の物質《ぶっしつ》

5 かたまりを取《と》り出《だ》し、余分《よぶん》な水分《すいぶん》を軽《かる》く絞《しぼ》ったら、プラスチックの鉢《はち》のまわりに貼《は》りつけるように伸《の》ばしていきます。汚《よご》れやすいから、お皿《さら》の上《うえ》で作業《さぎょう》するといいね。鉢《はち》の底《そこ》、側面《そくめん》、すべてを覆《おお》ったら逆《さか》さまにして、温《あたた》かいところで24時間以上乾燥《じかんいじょうかんそう》させます。

ポットが壊《こわ》れない
よう注意《ちゅうい》してね

6 完全《かんぜん》に乾《かわ》いたら、プラスチックの鉢《はち》を取《と》り外《はず》します。紙《かみ》の上《うえ》の方《ほう》をそっとゆるめて、プラスチックの鉢《はち》の両側《りょうがわ》を挟《はさ》むように持《も》ち、ゆっくりと小刻《こきざ》みに動《うご》かしながら外《はず》します。これで苗木《なえぎ》ポットは完成《かんせい》！

ちょっと難《むずか》しいから
大人《おとな》の人《ひと》に手伝《てつだ》ってもらおう

7 ポットの中《なか》に土《つち》を入《い》れ、深《ふか》さ 1cm くらいのところに種《たね》をまきます。土《つち》を触《さわ》ったあとは必《かなら》ず手《て》を洗《あら》ってね。完成《かんせい》した苗木《なえぎ》ポットをトレイに載《の》せ（水《みず》が染《し》みても大丈夫《だいじょうぶ》なように！）、窓辺《まどべ》に置《お》きます。

土《つち》は湿《しめ》らす程度《ていど》で十分《じゅうぶん》。
水《みず》のやりすぎに注意《ちゅうい》！

8 水《みず》をあげます。定期的《ていきてき》に種《たね》の成長《せいちょう》を観察《かんさつ》し、土《つち》が乾《かわ》いていたら水《みず》を足《た》します。苗《なえ》が 15cm くらいまで大《おお》きくなったら、屋外《おくがい》に穴《あな》を掘《ほ》ってポットごと土《つち》の中《なか》に埋《う》め、さらに成長《せいちょう》させよう！

どうしてこうなるの？

1 枚《まい》の紙《かみ》は「セルロース」という物質《ぶっしつ》から作《つく》られる極小《ごくしょう》の繊維《せんい》が無数《むすう》に集《あつ》まってできています。このセルロース繊維《せんい》は、植物《しょくぶつ》細胞《さいぼう》の外側《そとがわ》（細胞壁《さいぼうへき》）を形《かたち》づくる小《ち い》さな管《くだ》です。ふつう、セルロース繊維同士《せんいどうし》は「原繊維《げんせんい》」という小《ちい》さな繊維《せんい》でつながっていますが、紙《かみ》に水《みず》をくわえてドロドロのパルプ状《じょう》にすると、原繊維《げんせんい》はセルロース繊維《せんい》から切《き》り離《はな》されます。パルプ状《じょう》のかたまりが乾《かわ》くと、原繊維《げんせんい》は再《ふたた》びくっつき、セルロース繊維《せんい》を結合《けつごう》させます。苗木《なえぎ》ポットを土《つち》の中《なか》に埋《う》めると、微生物《びせいぶつ》がこのセルロース繊維《せんい》を小《ちい》さな粒子《りゅうし》に分解《ぶんかい》するので、やがて土《つち》に溶《と》けていくのです。

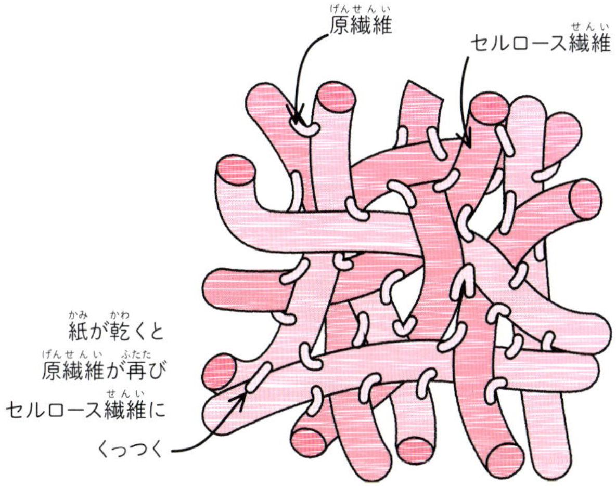
原繊維《げんせんい》
セルロース繊維《せんい》
紙《かみ》が乾《かわ》くと
原繊維《げんせんい》が再《ふたた》び
セルロース繊維《せんい》に
くっつく

現実世界《げんじつせかい》では？

紙《かみ》のリサイクル

紙《かみ》はとてもリサイクルしやすい素材《そざい》の1つです。それは、素材《そざい》であるセルロース繊維《せんい》をパルプ状《じょう》にして、何度《なんど》も紙《かみ》のかたちに変《か》えられるから。リサイクル用《よう》に収集《しゅうしゅう》した資材《しざい》は写真《しゃしん》にあるような再生工場《さいせいこうじょう》に運《はこ》ばれ、種類別《しゅるいべつ》（段《だん》ボール、新聞《しんぶん》など）に分《わ》けられたあと、きれいにしてからパルプ状《じょう》にしています。

菌糸体《きんしたい》

この白《しろ》い繊維状《せんいじょう》のかたまりは「菌糸体《きんしたい》」といってキノコの本体《ほんたい》を作《つく》るものです。キノコは、菌類《きんるい》がまき散《ち》らす「胞子《ほうし》」と呼《よ》ばれる生殖細胞《せいしょくさいぼう》が大《おお》きくなったものです。この実験《じっけん》では、しっかり管理《かんり》された条件下《じょうけんか》で菌糸体《きんしたい》を作《つく》ってみよう。

この実験《じっけん》で使《つか》う
キノコや菌糸体《きんしたい》は
絶対《ぜったい》に
食《た》べないでね！

菌類《きんるい》の生存《せいぞん》に必要《ひつよう》な酸素《さんそ》がティッシュペーパーを通《とお》して入《はい》ってくる
ガラスびんの側面《そくめん》から菌糸体《きんしたい》の成長《せいちょう》を観察《かんさつ》できる

摂食《せっしょく》タイム

菌類《きんるい》は、植物《しょくぶつ》のように自分《じぶん》で栄養《えいよう》を作《つく》ることができません。成長《せいちょう》するには何《なに》かほかのものを食《た》べてエネルギーや栄養《えいよう》を得《え》る必要《ひつよう》があります。この実験《じっけん》では、キノコの胞子《ほうし》は段《だん》ボールを栄養《えいよう》にして菌糸体《きんしたい》を作《つく》ります。

菌糸体《きんしたい》の作《つく》り方《かた》

ガラスびんいっぱいの菌糸体《きんしたい》を育《そだ》てるには、手《て》、びん、段《だん》ボールを清潔《せいけつ》な状態《じょうたい》で作業《さぎょう》します。びんに細菌《さいきん》が入《はい》ってしまうと、大《おお》きくなって菌糸体《きんしたい》と競合《きょうごう》してしまうからね。実験《じっけん》が終《お》わったら、大人《おとな》の人《ひと》に手伝《てつだ》ってもらって中身《なかみ》を捨《す》て、びんはリサイクルに出《だ》しましょう。

時間《じかん》	難易度《なんいど》	注意《ちゅうい》
90分《ぷん》 ＋ 菌糸《きんし》の成長時間《せいちょうじかん》	☆☆	キノコアレルギーがある人《ひと》は、この実験《じっけん》はやめておいてね。

準備《じゅんび》するもの

カップ1杯《ぱい》の水《みず》
電子《でんし》レンジ対応容器《たいおうようき》
はさみ
輪《わ》ゴム
ヒラタケ
えんぴつ
透明《とうめい》のガラスびん
段《だん》ボール
ティッシュペーパー

電子《でんし》レンジも使《つか》うよ！

1 えんぴつで段《だん》ボールに円《えん》を6つ書《か》きます。ガラスびんの底《そこ》をなぞると、同《おな》じ大《おお》きさの円《えん》が書《か》きやすいよ。

2 線《せん》に沿《そ》ってはさみで切《き》り取《と》ります。この円形段《えんけいだん》ボールの上《うえ》で菌糸体《きんしたい》が成長《せいちょう》することになります。

段《だん》ボール全体《ぜんたい》に
水《みず》をかける

3 6枚《まい》の円形段《えんけいだん》ボールを電子《でんし》レンジ対応容器《たいおうようき》に入《い》れ、水《みず》をかけます。

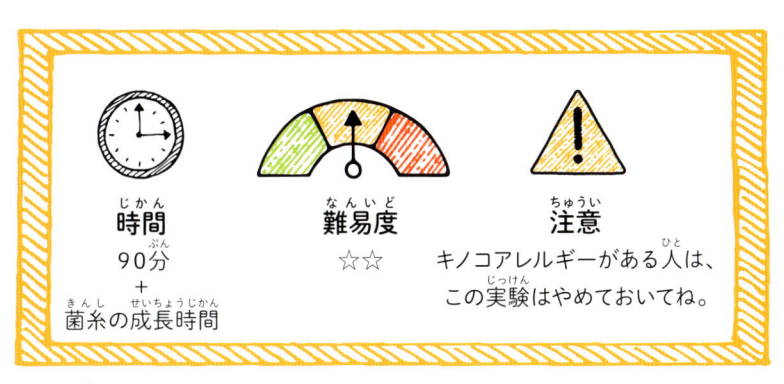

水《みず》を加熱《かねつ》することで、
菌糸体《きんしたい》の成長《せいちょう》に
影響《えいきょう》を及《およ》ぼす
細菌《さいきん》を殺《ころ》す

4 容器《ようき》を電子《でんし》レンジに入《い》れ、フタをしない状態《じょうたい》で500 ～ 600W で 2 分加熱《ふんかねつ》します。加熱《かねつ》が終《お》わったら、扉《とびら》を閉《し》めたまま 1 時間冷《じかんさ》まします。

5 せっけんで手《て》をよく洗《あら》い、清潔《せいけつ》なタオルでふいてから、容器《ようき》を取《と》り出《だ》します。

6 冷《さ》めたら円形段《えんけいだん》ボールを取《と》り出《だ》し、手《て》でぎゅっと絞《しぼ》ります。水分《すいぶん》が出《で》ますが、まだ湿《しめ》った状態《じょうたい》です。きれいな皿《さら》などの上《うえ》に置《お》いておきます。

ヒラタケは
大型《おおがた》スーパーで
買《か》えるよ

7 円形段《えんけいだん》ボール 1 枚《まい》をガラスびんの底《そこ》に入《い》れます。びんの上《うえ》でヒラタケを細《こま》かく刻《きざ》みます。

円《えん》の中心《ちゅうしん》に置《お》くのが
ベストだけど、
あまり気《き》にしなくてもいいよ！

8 2 ～ 3 個《こ》のかけらを入《い》れたら、円形段《えんけいだん》ボールを 1 枚重《まいかさ》ね、同《おな》じことをくり返《かえ》します。

9 段《だん》ボールを 1 枚入《まいい》れるごとにヒラタケを数片《すうへん》入《い》れます。キノコを触《さわ》ったあとは必《かなら》ず手《て》を洗《あら》ってね。

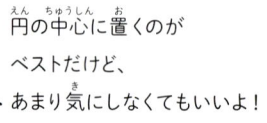

ティッシュペーパーだと
菌類《きんるい》の生存《せいぞん》に必要《ひつよう》な
酸素《さんそ》を含《ふく》む
空気《くうき》が取《と》り込《こ》める

10 びんのフタはせず、ティッシュペーパー１枚《まい》でカバーし、輪《わ》ゴムでとめます。

11 びんを食器棚《しょっきだな》の中《なか》などの湿度《しつど》の高《たか》い冷暗所《れいあんしょ》に置《お》き、2～3日《にち》ごとに観察《かんさつ》します。すごい速《はや》さで菌糸体《きんしたい》が作《つく》られるからびっくりするよ！

どうしてこうなるの？

地上《ちじょう》に出《で》ているキノコは菌類《きんるい》のごく一部《いちぶ》にすぎません。キノコの下《した》の地中深《ちちゅうふか》くには、細《こま》かい糸《いと》がからみ合《あ》っており、それらが一緒《いっしょ》になって菌糸体《きんしたい》を作《つく》るのです。ふつう、菌類《きんるい》は土《つち》、腐《くさ》りかけの木《き》、動物《どうぶつ》の死骸《しがい》など腐《くさ》りかけの有機物《ゆうきぶつ》が含《ふく》まれるものに生息《せいそく》します。繁殖《はんしょく》するために、菌糸体《きんしたい》の房《ふさ》が土《つち》の上《うえ》に現《あらわ》れてかたまりになり、キノコに成長《せいちょう》します。キノコは無数《むすう》の胞子《ほうし》をばらまいて、新《あたら》しい菌糸体《きんしたい》ネットワークを作《つく》ります。

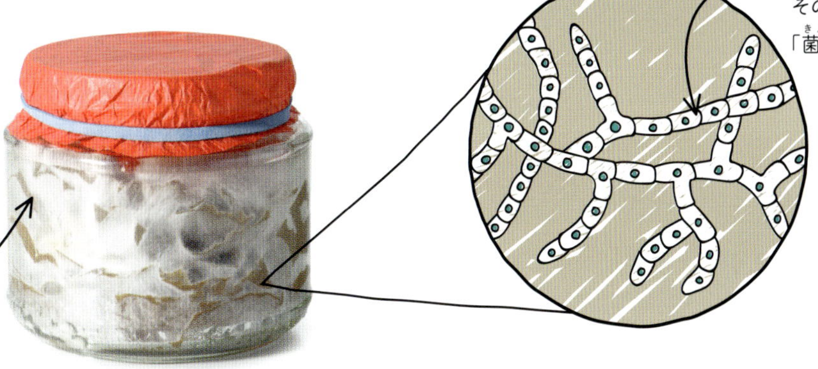
キノコの本体《ほんたい》である
極小《ごくしょう》の糸状《いとじょう》の細胞《さいぼう》。
これを「菌糸《きんし》」といい、
その集《あつ》まりを
「菌糸体《きんしたい》」という
顕微鏡《けんびきょう》を使《つか》えるなら、
菌糸体《きんしたい》の構造《こうぞう》を
くわしく見《み》てみよう

現実世界《げんじつせかい》では？

キノコ

キノコの中《なか》には、栄養素《えいようそ》を含《ふく》み問題《もんだい》なく食《た》べられるものもあれば、毒《どく》があるものもたくさんあります。野生《やせい》のキノコは、大人《おとな》の人《ひと》が安全《あんぜん》を確認《かくにん》するまで絶対《ぜったい》に食《た》べちゃだめだよ。食用《しょくよう》のキノコは、農家《のうか》の人《ひと》が湿度《しつど》や温度《おんど》をできるかぎり一定《いってい》に保《たも》つキノコ専用《せんよう》の畑《はたけ》で栽培《さいばい》します。キノコ栽培《さいばい》に適《てき》しているのは湿度《しつど》の高《たか》い冷暗所《れいあんしょ》です。

2

天気《てんき》の世界《せかい》を実験《じっけん》しよう

天気《てんき》についての科学《かがく》は「気象学《きしょうがく》」といい、気象学《きしょうがく》を研究《けんきゅう》する科学者《かがくしゃ》のことは「気象学者《きしょうがくしゃ》」と呼《よ》ぶんだよ。この章《しょう》では天気《てんき》に関《かん》する４つの実験《じっけん》器具《きぐ》――気温《きおん》を測《はか》る温度計《おんどけい》、風《かぜ》のスピードを測《はか》る風速計《ふうそくけい》、気圧《きあつ》を測《はか》る気圧計《きあつけい》、雨《あめ》が降《ふ》った量《りょう》を測《はか》る雨量計《うりょうけい》を作《つく》ります。「凍結《とうけつ》と融解《ゆうかい》（凍《こお》ることと溶《と》けること）」の実験《じっけん》もあって、水《みず》と氷《こおり》が侵食《しんしょく》を引《ひ》き起《お》こす仕組《しく》みを学《まな》べるよ。

風船気圧計《ふうせんきあつけい》

ちょっと信《しん》じられないかもしれないけど、わたしたちのまわりにある空気《くうき》は、いろんな方向《ほうこう》からわたしたちのことを強《つよ》く押《お》しているんだ。この押《お》す力《ちから》を「気圧《きあつ》」といって、気圧計《きあつけい》という装置《そうち》で測《はか》ることができるよ。気象予報士《きしょうよほうし》は、この気圧計《きあつけい》を使《つか》って気圧《きあつ》の変化《へんか》を観察《かんさつ》し、明日《あした》や明後日《あさって》のお天気《てんき》を予測《よそく》するんだよ。

気圧《きあつ》

地球《ちきゅう》のまわりには「大気圏《たいきけん》」という100km 以上《いじょう》の厚《あつ》さの空気《くうき》の層《そう》があります。わたしたちの上《うえ》にあるこの空気《くうき》の重《おも》さが気圧《きあつ》の正体《しょうたい》です。空気《くうき》が温《あたた》まったり冷《ひ》えたり、空気中《くうきちゅう》の水分《すいぶん》を吸収《きゅうしゅう》したり雨《あめ》として降《ふ》らせたりするにしたがい、気圧《きあつ》は常《つね》に変化《へんか》します。

毎日《まいにち》、ストローの
位置《いち》を記録《きろく》しよう。
傾向《けいこう》がつかめてきたら、
予測《よそく》も立《た》てられるよ
ストローが上下《じょうげ》することで
気圧《きあつ》の変化《へんか》を示《しめ》す

風船気圧計《ふうせんきあつけい》の作《つく》り方《かた》

この気圧計《きあつけい》、作《つく》り方《かた》は簡単《かんたん》だよ。風船《ふうせん》の首《くび》を切《き》り取《と》ったゴム部分《ぶぶん》をガラスびんの口《くち》にかぶせるだけ。気圧《きあつ》が高《たか》くなるとゴム部分《ぶぶん》が下《した》に押《お》され、ビンの中《なか》に閉《と》じ込《こ》めた空気《くうき》が圧縮《あっしゅく》されてへこみます。逆《ぎゃく》に、気圧《きあつ》が低《ひく》くなるとゴム部分《ぶぶん》がゆるんでふくらみます。ゴム部分《ぶぶん》にストローをテープでとめ、気圧《きあつ》が変《か》わるとストローが上下《じょうげ》する様子《ようす》を観察《かんさつ》しよう。

時間《じかん》
20分《ぷん》

難易度《なんいど》
☆☆

準備《じゅんび》するもの

ストロー

えんぴつ

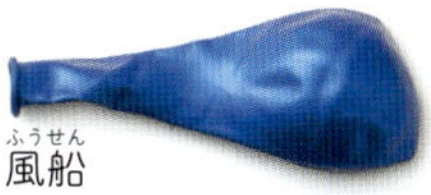

風船《ふうせん》

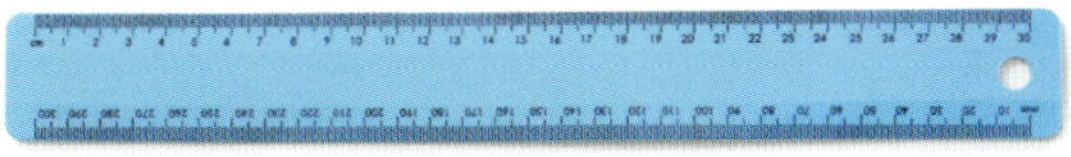

ものさし

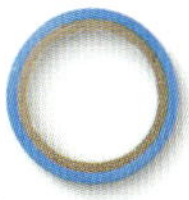

ビニールテープ

輪《わ》ゴム

1 風船《ふうせん》の首部分《くびぶぶん》を切《き》り落《お》とし、捨《す》てます。風船《ふうせん》はふくらまさないよ！

表面《ひょうめん》がなめらかに
なるように

2 残《のこ》ったゴム部分《ぶぶん》を伸《の》ばしてビンの口《くち》にかぶせ、びんの中《なか》に空気《くうき》を閉《と》じ込《こ》めます。しっかり引《ひ》き伸《の》ばし、シワができないようにしてね。

3 輪《わ》ゴムでゴム部分《ぶぶん》を固定《こてい》し、びんから空気《くうき》が漏《も》れないように密閉《みっぺい》します。

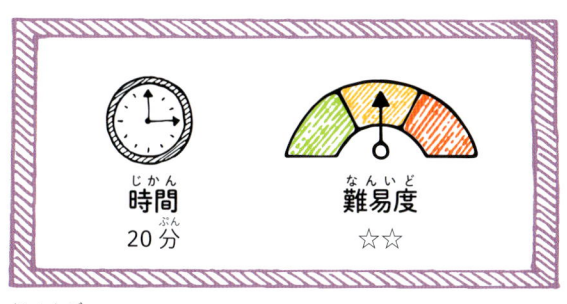

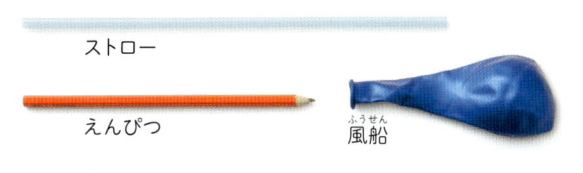

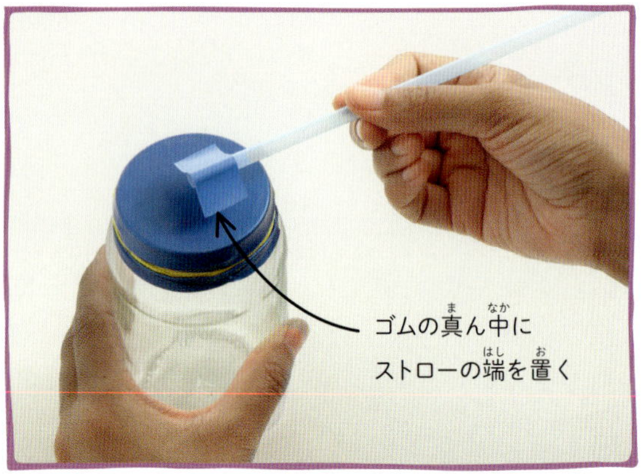
ゴムの真《ま》ん中《なか》に
ストローの端《はし》を置《お》く

4 テープを短《みじか》く切《き》り、ストローの端《はし》に貼《は》ります。ストローの端《はし》をゴム部分《ぶぶん》の真《ま》ん中《なか》に置《お》き、しっかりとめます。

5 つぎに目盛《めも》りを作《つく》ります。色画用紙《いろがようし》をきっちり縦半分《たてはんぶん》に折《お》ります。

6 折《お》った画用紙《がようし》の片面全体《かためんぜんたい》に、ものさしで 1cm 間隔《かんかく》に線《せん》を引《ひ》きます。

7 気圧計《きあつけい》を気温《きおん》の変化《へんか》が激《はげ》しくない場所《ばしょ》に置《お》きます。窓《まど》ぎわや冷暖房《れいだんぼう》の近《ちか》くは避《さ》けてね。びんの中《なか》の空気《くうき》は温《あたた》まるとふくらみ、冷《ひ》えるとしぼむので、実験結果《じっけんけっか》が変《か》わってしまうためです。ストローがどの目盛《めも》りを指《さ》しているか、毎日記録《まいにちきろく》しよう。慣《な》れてくると、天気《てんき》を予測《よそく》できるようになるよ。

水平状態《すいへいじょうたい》のストローが、
しばらくすると上《うえ》や下《した》に動《うご》く
ストローが水平《すいへい》なとき、
びんの中《なか》と外《そと》の気圧《きあつ》は同《おな》じ

どうしてこうなるの？

ゴム部分《ぶぶん》を押《お》し下《さ》げると、びんの中《なか》の空気《くうき》が圧迫《あっぱく》されます。すると中《なか》の空気《くうき》は押《お》し返《かえ》し、ゴムが元《もと》の位置《いち》に戻《もど》ろうとします。気圧《きあつ》が変化《へんか》するときも同《おな》じことが起《お》こるのです。気圧《きあつ》が高《たか》くなる、つまり天気《てんき》が晴《は》れると、外《そと》の空気《くうき》がゴムを押《お》し下《さ》げます。雨《あめ》など天候《てんこう》が不安定《ふあんてい》になると気圧《きあつ》は下《さ》がります。

低気圧《ていきあつ》：雨《あめ》の日《ひ》

気圧《きあつ》が低《ひく》いと雨《あめ》やくもりになる

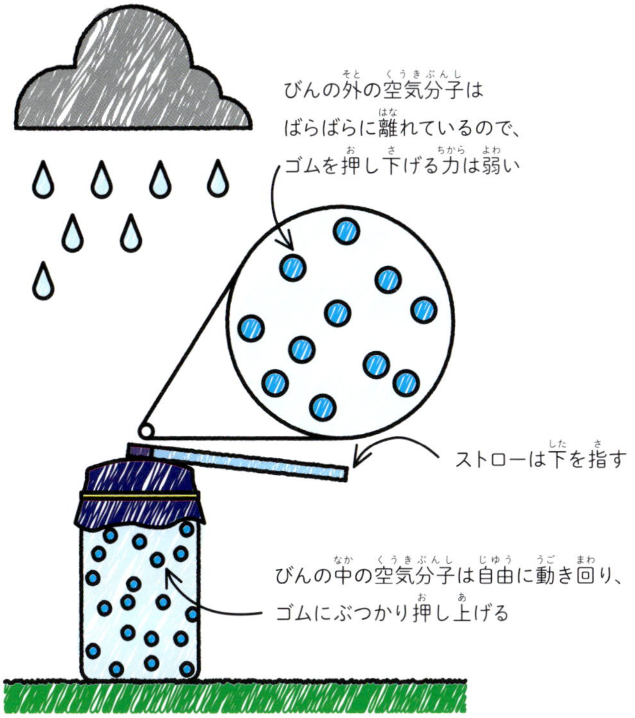
びんの外《そと》の空気分子《くうきぶんし》は
ばらばらに離《はな》れているので、
ゴムを押《お》し下《さ》げる力《ちから》は弱《よわ》い
ストローは下《した》を指《さ》す
びんの中《なか》の空気分子《くうきぶんし》は自由《じゆう》に動《うご》き回《まわ》り、
ゴムにぶつかり押《お》し上《あ》げる

高気圧《こうきあつ》：晴《は》れの日《ひ》

気圧《きあつ》が高《たか》いと太陽《たいよう》の出《で》た晴《は》れた日《ひ》になる

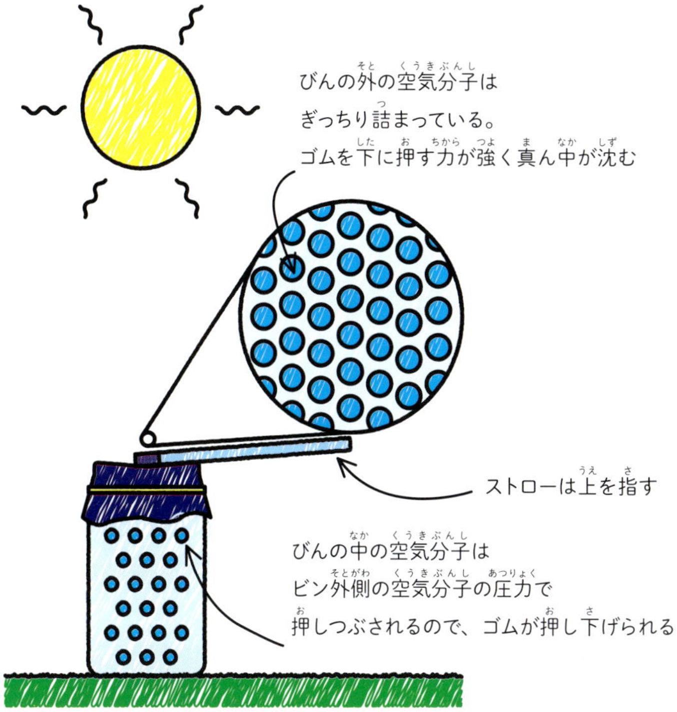
びんの外《そと》の空気分子《くうきぶんし》は
ぎっちり詰《つ》まっている。
ゴムを下《した》に押《お》す力《ちから》が強《つよ》く真《ま》ん中《なか》が沈《しず》む
ストローは上《うえ》を指《さ》す
びんの中《なか》の空気分子《くうきぶんし》は
ビン外側《そとがわ》の空気分子《くうきぶんし》の圧力《あつりょく》で
押《お》しつぶされるので、ゴムが押《お》し下《さ》げられる

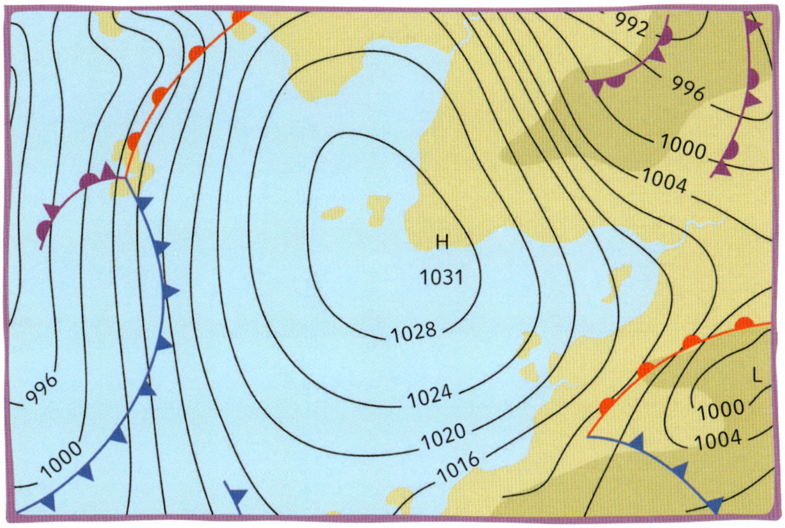
992
996
1000
1004
H
1031
1028
1024
1020
1016
996
1000
L
1000
1004

現実世界《げんじつせかい》では？

等圧線《とうあつせん》

テレビで気象予報士《きしょうよほうし》が使《つか》っている天気図《てんきず》には、数字《すうじ》や線《せん》がたくさん書《か》かれているよね？ これらの線《せん》は等圧線《とうあつせん》といって、気圧《きあつ》が同《おな》じ地点《ちてん》を結《むす》んでいるんだ。等圧線《とうあつせん》の数字《すうじ》が大《おお》きいほど気圧《きあつ》も高《たか》いということ。低気圧《ていきあつ》の地域《ちいき》は、暴風雨《ぼうふうう》などの荒《あ》れた天気《てんき》になります。

ペットボトル
雨量計《うりょうけい》

気象学者《きしょうがくしゃ》や気象予報士《きしょうよほうし》は長《なが》い時間《じかん》をかけて雨《あめ》が降《ふ》った量《りょう》（降水量《こうすいりょう》）を計《はか》り、それらを比《くら》べることで、天気《てんき》のパターンを見《み》つけます。1週間《しゅうかん》、1か月《げつ》、1年間《ねんかん》の記録《きろく》を用《もち》いて、いつ雨《あめ》が激《はげ》しくなりそうか、日照《ひで》りが続《つづ》きそうかなどを予測《よそく》するんだ。農家《のうか》の人《ひと》や庭仕事《にわしごと》が好《す》きな人《ひと》たちにはとっても大切《たいせつ》な情報《じょうほう》だからね。降水量《こうすいりょう》を計《はか》るのに気象学者《きしょうがくしゃ》たちが使《つか》う装置《そうち》を「雨量計《うりょうけい》」っていうんだ。

降《ふ》った雨《あめ》が
雨量計《うりょうけい》の口《くち》から
中《なか》にたまる
雨《あめ》が降《ふ》った量《りょう》を
側面《そくめん》に取《と》りつけた
ものさしで測《はか》る

雨降《あめふ》りの日《ひ》

きみが住《す》んでいるところでは雨《あめ》は多《おお》い？ それとも日照《ひで》りが多《おお》い？ 夏《なつ》と冬《ふゆ》、雨《あめ》が多《おお》いのはどっち？ 手作《てづく》りの雨量計《うりょうけい》を使《つか》って、1週間《しゅうかん》、1か月《げつ》、できれば1年間《ねんかん》の降水量《こうすいりょう》を記録《きろく》して答《こた》えを見《み》つけよう！

ペットボトル雨量計《うりょうけい》の作《つく》り方《かた》

この雨量計《うりょうけい》はとても基本的《きほんてき》なつくりです。ペットボトルの上《うえ》の方《ほう》を切《き》り落《お》とし、ボトルの中《なか》に小石《こいし》と粘土《ねんど》を入《い》れて底《そこ》を平《たい》らにします。ボトルの横《よこ》にものさしをテープで取《と》りつけたら、家《いえ》のまわりの雨《あめ》の量《りょう》を計《はか》ってみよう。

時間《じかん》
30分《ぷん》

難易度《なんいど》
☆☆

準備《じゅんび》するもの

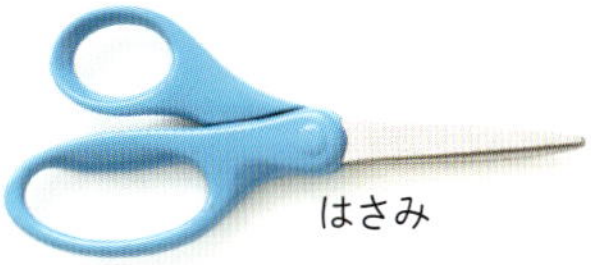

はさみ

小石《こいし》

サインペン

ビニールテープ

ものさし

粘土《ねんど》（濡《ぬ》れても溶《と》けないもの）

色画用紙《いろがようし》

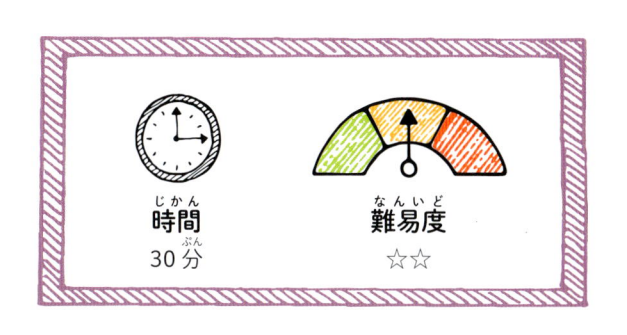

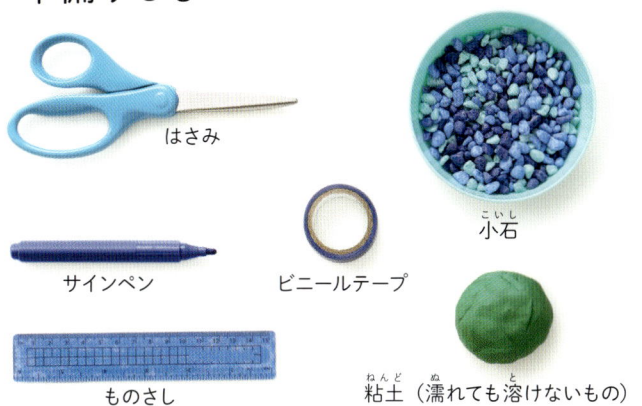

ペットボトル（大《だい》）

1 ペットボトルに画用紙《がようし》を巻《ま》きます。上辺《じょうへん》をボトルの上《うえ》から約《やく》10cm のところにあて、画用紙《がようし》に沿《そ》ってまっすぐに線《せん》を引《ひ》きます。

2 線《せん》に沿《そ》ってはさみを入《い》れ、ボトルを2つに切《き》り分《わ》けます。とがった刃先《はさき》に十分注意《じゅうぶんちゅうい》してね。難《むずか》しかったら大人《おとな》の人《ひと》に手伝《てつだ》ってもらおう。

3 ボトルの切《き》り口《くち》にそれぞれテープを巻《ま》きます。テープを内側《うちがわ》に折《お》り入《い》れて、ガタガタの切《き》り口《くち》を隠《かく》してしまいます。

ボトルの底《そこ》が
でこぼこでも、
小石《こいし》を入《い》れることで
平《たい》らになる

4 ボトルの底《そこ》に小石《こいし》を入《い》れます。雨量計《うりょうけい》が倒《たお》れないよう重《おも》しにするんだよ。

5 粘土《ねんど》をこね、平《ひら》たくて厚《あつ》い円盤《えんばん》を作《つく》ります。できるだけ平《たい》らでなめらかにしてね。円《えん》の直径《ちょっけい》はボトルの底《そこ》に合《あ》わせます。

6 粘土《ねんど》の円盤《えんばん》を小石《こいし》の上《うえ》に入《い》れ、ボトルの側面《そくめん》に向《む》かって押《お》し広《ひろ》げます。こうして水《みず》を通《とお》さないようにするんだ。

7 ボトル外側《そとがわ》にものさしをテープで貼《は》りつけます。ものさしのゼロの目盛《めも》りを粘土《ねんど》の円盤《えんばん》の上《うえ》の線《せん》に合《あ》わせます。

じょうごでふたをすることで、
中《なか》にたまった雨水《あまみず》の
蒸発《じょうはつ》（蒸気《じょうき》になる）を防《ふせ》ぐ

8 手順《てじゅん》 2 で切《き》ったボトルの口《くち》部分《ぶぶん》（じょうご型《がた》）を逆《さか》さまにかぶせたらできあがり！ 雨量計《うりょうけい》を外《そと》に持《も》ち出《だ》し、建物《たてもの》や木《き》から離《はな》れたところに置《お》きます。つぎに雨《あめ》が降《ふ》ったら、たまった雨《あめ》の水位《すいい》をチェックし、記録《きろく》しよう！

こんなアレンジも！

１年間《ねんかん》の雨量日記《うりょうにっき》をつけてみよう。１週間《しゅうかん》の合計雨量《ごうけいうりょう》を記録《きろく》し、中《なか》にたまった雨水《あまみず》は毎週同《まいしゅうおな》じ時間《じかん》に空《から》っぽにします。週《しゅう》ごとの合計雨量《ごうけいうりょう》を棒《ぼう》グラフにすれば、いちばん雨《あめ》が多《おお》かったのは何月《なんがつ》かが明《あき》らかになるよ。世界《せかい》のいろんな地域《ちいき》の降水量《こうすいりょう》をインターネットで調《しら》べ、実験結果《じっけんけっか》と比《くら》べてみて！

どうしてこうなるの？

ふつう、降《ふ》った雨《あめ》は溝《みぞ》に流《なが》されるか土《つち》に染《し》み込《こ》んでいきます。もしも雨《あめ》がこんなふうになくならなかったら、雨《あめ》が降《ふ》れば降《ふ》るほどどんどん深《ふか》く地上《ちじょう》にたまっていってしまいます。それが雨量計《うりょうけい》の仕組《しく》み。１か所《しょ》に降《ふ》る雨水《あまみず》を円形《えんけい》の口《くち》から集《あつ》め、どれくらい深《ふか》くたまったかを観察《かんさつ》します。雨量計《うりょうけい》の口《くち》を２倍《ばい》の大《おお》きさにすれば、ためられる量《りょう》は２倍《ばい》になるけど、底面積《ていめんせき》も２倍《ばい》だから深《ふか》さは同《おな》じだよ。サッカー場《じょう》くらい巨大《きょだい》な雨量計《うりょうけい》だと、１回《かい》の雨《あめ》で何千《なんぜん》リットルもの雨水《あまみず》をためられるけど、深《ふか》さはほんの数《すう》ミリにしかならないだろうね。

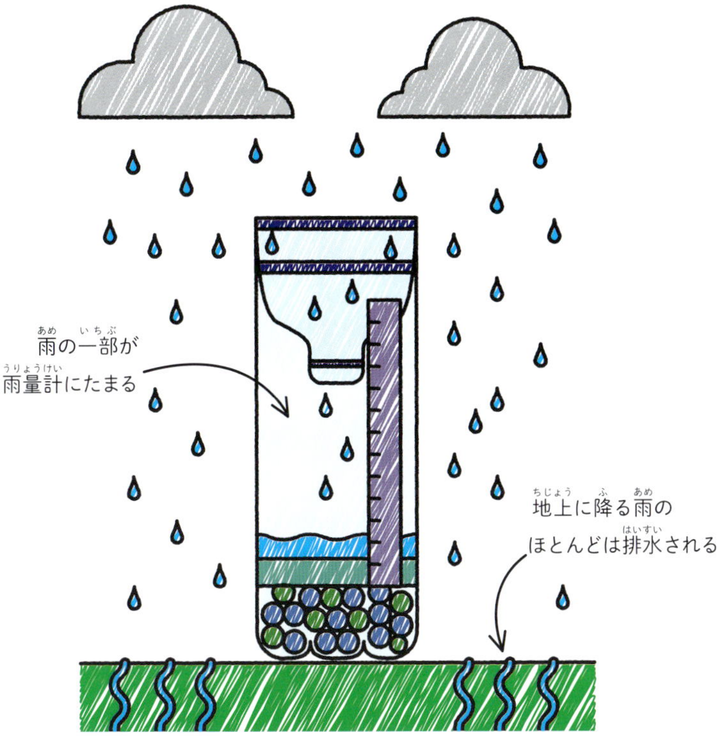
雨《あめ》の一部《いちぶ》が
雨量計《うりょうけい》にたまる
地上《ちじょう》に降《ふ》る雨《あめ》の
ほとんどは排水《はいすい》される

現実世界《げんじつせかい》では？

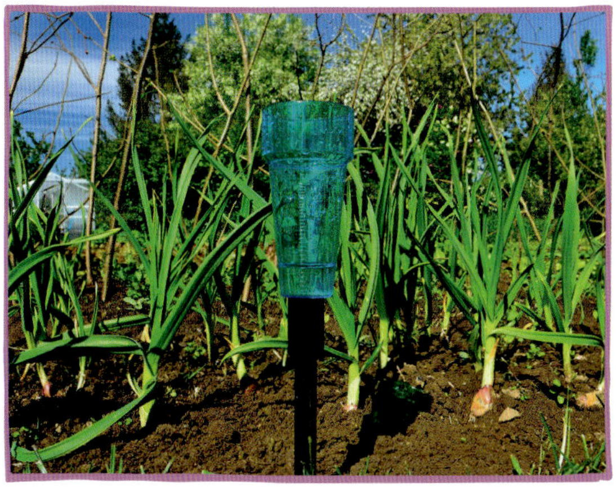

天気《てんき》の専門家《せんもんか》

雨量計《うりょうけい》は気象学者《きしょうがくしゃ》や科学者《かがくしゃ》たちにとって、とても重要《じゅうよう》な器具《きぐ》です。集《あつ》めたデータを用《もち》いて、いろんな地域《ちいき》の天気《てんき》の変《か》わり具合《ぐあい》を追《お》い、これからどんな天候《てんこう》になりそうかを予測《よそく》します。このおかげで洪水《こうずい》や日照《ひで》りなどの警報《けいほう》を発《はっ》することができ、気候変動《きこうへんどう》の理解《りかい》にも役立《やくだ》ちます。科学者《かがくしゃ》だけではなく、農家《のうか》の人《ひと》も、育《そだ》てている作物《さくもつ》にどれだけ雨《あめ》が降《ふ》ったのかを記録《きろく》するのに雨量計《うりょうけい》を使《つか》っています。

ストロー温度計《おんどけい》

温度計《おんどけい》は温度《おんど》の熱《あつ》さや冷《つめ》たさを測《はか》る器具《きぐ》。温度計《おんどけい》にもいろんな種類《しゅるい》があるけど、いちばんよくあるのは温度《おんど》が変《か》わると管《くだ》の中《なか》の液体《えきたい》が上下《じょうげ》する「液体温度計《えきたいおんどけい》」。この実験《じっけん》では簡単《かんたん》なつくりの液体温度計《えきたいおんどけい》を作《つく》ります。室内《しつない》・屋外《おくがい》どちらでも使《つか》えるよ。

気温《きおん》の差《さ》

温度計《おんどけい》を家《いえ》の中《なか》のいろんな場所《ばしょ》や屋外《おくがい》に置《お》いて、ストローの水位《すいい》が上下《じょうげ》に動《うご》くのを観察《かんさつ》しよう。水位《すいい》が変《か》わるには少《すこ》し時間《じかん》がかかるから、根気《こんき》よくやろうね！

もともとの水位《すいい》
気温《きおん》が上《あ》がると水位《すいい》も上《あ》がる
気温《きおん》が下《さ》がると水位《すいい》も下《さ》がる
もともとの水位《すいい》
食品着色料《しょくひんちゃくしょくりょう》を溶《と》かすと観察《かんさつ》しやすい

ストロー温度計《おんどけい》の作《つく》り方《かた》

この温度計《おんどけい》、作《つく》り方《かた》はとても簡単《かんたん》！ 色《いろ》をつけた水《みず》を液体《えきたい》に、ストローを管《くだ》として使《つか》います。温度計《おんどけい》ができあがり、きちんと動《うご》くことを確《たし》かめたら、「キャリブレーション」という方法《ほうほう》で温度《おんど》の目盛《めも》りも作《つく》ってみよう。

時間《じかん》
30分《ぷん》

難易度《なんいど》
☆☆

注意《ちゅうい》
お湯《ゆ》を使《つか》うので必《かなら》ず
大人《おとな》の人《ひと》と一緒《いっしょ》にやりましょう

準備《じゅんび》するもの

粘土《ねんど》
食用《しょくよう》オイル
食品着色料《しょくひんちゃくしょくりょう》
透明《とうめい》のストロー
スポイト
サインペン
ガラスびん（小《しょう》）
ものさし
ガラスボウル

お湯《ゆ》と水《みず》、氷《こおり》も準備《じゅんび》しておこう

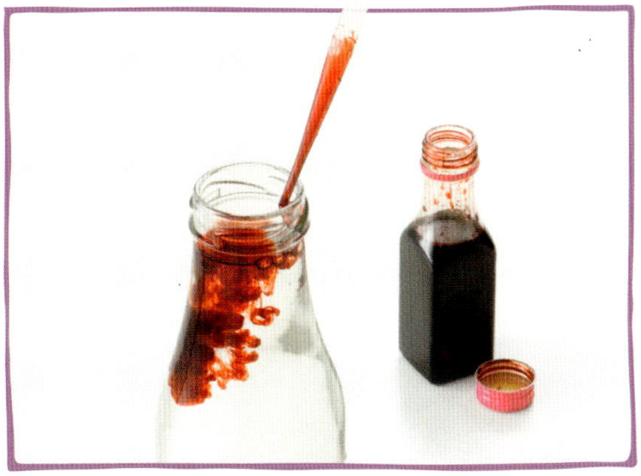

1 びんの口近《くちちか》くまで水《みず》を入《い》れて、食品着色料《しょくひんちゃくしょくりょう》を数滴《すうてき》くわえます。

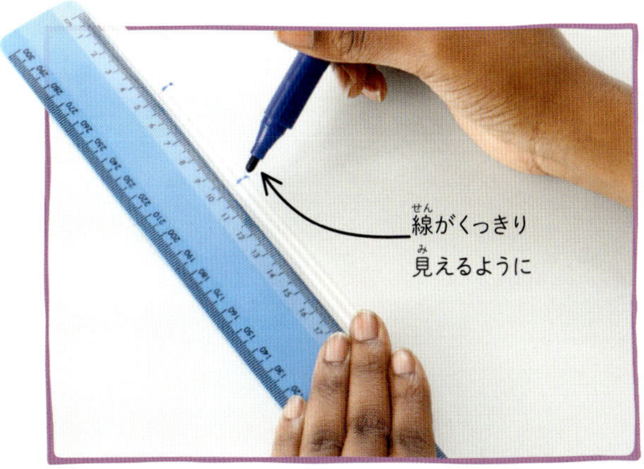
線《せん》がくっきり
見《み》えるように

2 ストローに2本《ほん》の線《せん》を引《ひ》きます。1本《ぽん》は端《はし》から5cmのところ、もう1本《ぽん》は同《おな》じ端《はし》から10cmのところです。

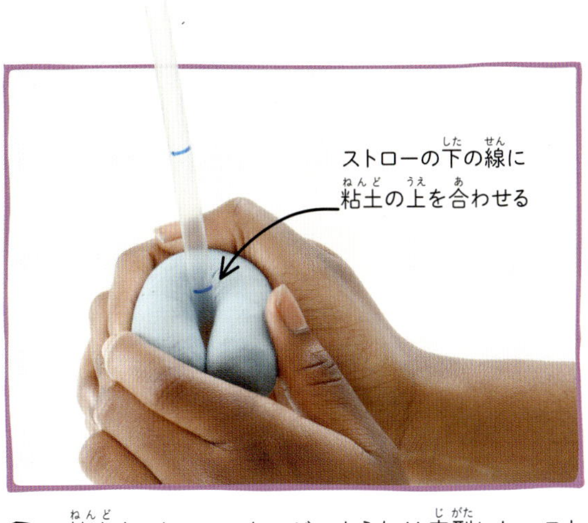
ストローの下《した》の線《せん》に
粘土《ねんど》の上《うえ》を合《あ》わせる

3 粘土《ねんど》をこねてソーセージのようなU字型《じがた》にし、ストローに巻《ま》きつけます。ストローの下《した》の線《せん》と粘土《ねんど》の上《うえ》が同《おな》じ高《たか》さになるようにね。

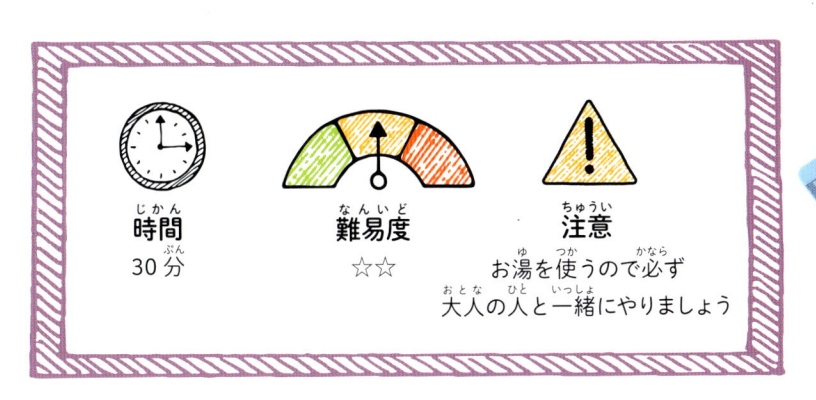

ストローが
長《なが》すぎるなら、
下《した》を少《すこ》し切《き》り落《お》とす

ストローの
上《うえ》の線《せん》まで水《みず》を足《た》す

オイルは水《みず》と
混《ま》ざらない
（不溶解性《ふようかいせい》）ので
水面《すいめん》でとどまる

4 ストローの下半分《したはんぶん》をびんに入《い》れ（ストローがびんの底《そこ》にあたらないように）、びんの口《くち》を粘土《ねんど》でふさぎ、空気《くうき》が入《はい》らないようにします。

5 水《みず》と食品着色料《しょくひんちゃくしょくりょう》をもう少《すこ》し混《ま》ぜて、スポイトを使《つか》ってストローに数滴《すうてき》くわえます。

6 オイルを１滴《てき》入《い》れます。こうすることで、蒸発《じょうはつ》（気体《きたい》になる）して、水《みず》が減《へ》ることを防《ふせ》ぎます。

温度《おんど》が
上《あ》がると
水位《すいい》が上《あ》がる
お湯《ゆ》をこぼして
やけどしない
ようにね

7 これで実験《じっけん》の準備《じゅんび》ができました。ちゃんと動《うご》くか確《たし》かめよう！お湯《ゆ》を張《は》ったボウルに温度計《おんどけい》を入《い》れます。大人《おとな》の人《ひと》に手伝《てつだ》ってもらってね。ストローの中《なか》の水位《すいい》が上《あ》がりましたか？

8 今度《こんど》はボウルに冷《つめ》たい水《みず》を入《い》れてみよう。どうなるかな？

温度《おんど》が下《さ》がると
水位《すいい》も下《さ》がる
氷《こおり》を入《い》れると
一気《いっき》に冷《ひ》やせるよ

こんなアレンジも！

今回作《こんかいつく》った温度計《おんどけい》は温度《おんど》が高《たか》くなったか低《ひく》くなったかを示《しめ》すだけですが、市販《しはん》の温度計《おんどけい》を参考《さんこう》に目盛《めも》りを作《つく》ると、より正確《せいかく》な温度《おんど》が測《はか》れます。この目盛《めも》りを作《つく》る方法《ほうほう》を「キャリブレーション」といいます。ボウルにお湯《ゆ》を張《は》り、作《つく》った温度計《おんどけい》と市販《しはん》の温度計《おんどけい》を入《い》れます。冷《さ》ましながらときどき、水位《すいい》の目盛《めも》りと市販《しはん》の温度計《おんどけい》が示《しめ》す温度《おんど》を記録《きろく》していきます。ボウルに冷《つめ》たい水《みず》を入《い》れて温度《おんど》を下《さ》げると、目盛《めも》りに低《ひく》い値《あたい》を増《ふ》やすことができます。

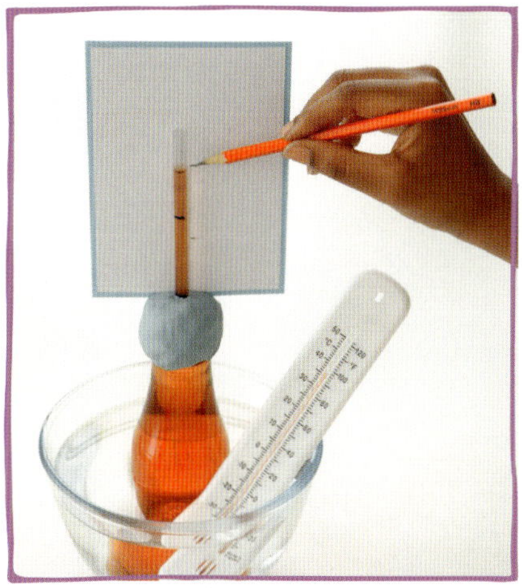

ボウルに熱《あつ》いお湯《ゆ》を入《い》れる

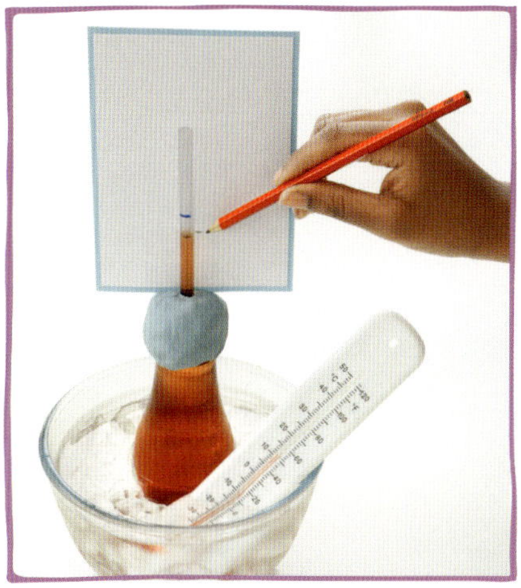

ボウルに冷《つめ》たい水《みず》を入《い》れる

どうしてこうなるの？

水《みず》は「分子《ぶんし》」と呼《よ》ばれる小《ちい》さな粒子《りゅうし》からできていて、その分子《ぶんし》は常《つね》に動《うご》き回《まわ》っています。温度《おんど》が高《たか》くなると動《うご》きはますます激《はげ》しくなるので、水《みず》は膨張《ぼうちょう》し、より広《ひろ》いスペースを取《と》ります。水《みず》はストローの中《なか》にしか膨張《ぼうちょう》できないので、温度計《おんどけい》をお湯《ゆ》に浸《つ》けるとストローの中《なか》の水位《すいい》が上《あ》がるのです。反対《はんたい》に、温度《おんど》が下《さ》がると分子《ぶんし》の動《うご》きは遅《おそ》くなり必要《ひつよう》なスペースも小《ちい》さくてすむので、ストローの中《なか》の水位《すいい》は下《さ》がります。

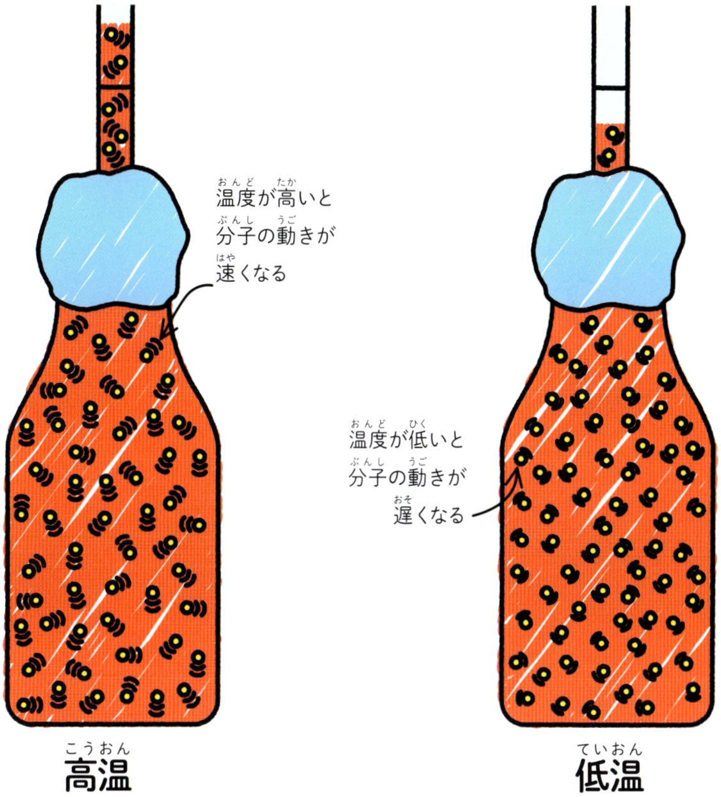
温度《おんど》が高《たか》いと
分子《ぶんし》の動《うご》きが
速《はや》くなる
温度《おんど》が低《ひく》いと
分子《ぶんし》の動《うご》きが
遅《おそ》くなる
高温《こうおん》
低温《ていおん》

現実世界《げんじつせかい》では？

体温《たいおん》

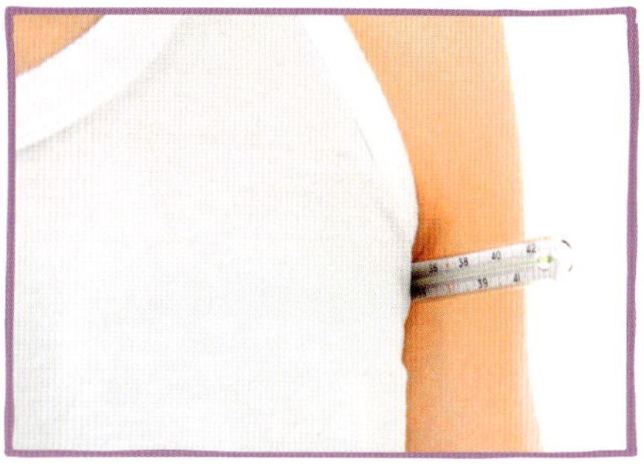

液体温度計《えきたいおんどけい》は部屋《へや》の温度《おんど》を測《はか》るだけでなく、体温《たいおん》を測《はか》ってウイルスに感染《かんせん》していないかをチェックできます。ウイルスに感染《かんせん》すると、からだの中《なか》でバクテリアやウイルスなどの細菌《さいきん》が繁殖《はんしょく》します。細菌《さいきん》は熱《ねつ》に弱《よわ》いので、脳《のう》が体温《たいおん》を上《あ》げる指令《しれい》を出《だ》し、細菌《さいきん》の繁殖《はんしょく》スピードを落《お》とすのです。

ピンポン玉風速計《だまふうそくけい》

おだやかなそよ風《かぜ》から激《はげ》しい強風《きょうふう》まで風《かぜ》にもいろいろあるけど、ホントは空気《くうき》が移動《いどう》しているだけなのです。気象学者《きしょうがくしゃ》や気象予報士《きしょうよほうし》が空気《くうき》の動《うご》くスピード、つまり「風速《ふうそく》」を測《はか》るのに使《つか》うのが「風速計《ふうそくけい》」と呼《よ》ばれる道具《どうぐ》なんだ。ピンポン玉《だま》と靴箱《くつばこ》で風速計《ふうそくけい》を作《つく》って、風《かぜ》のスピードを測《はか》ってみよう！

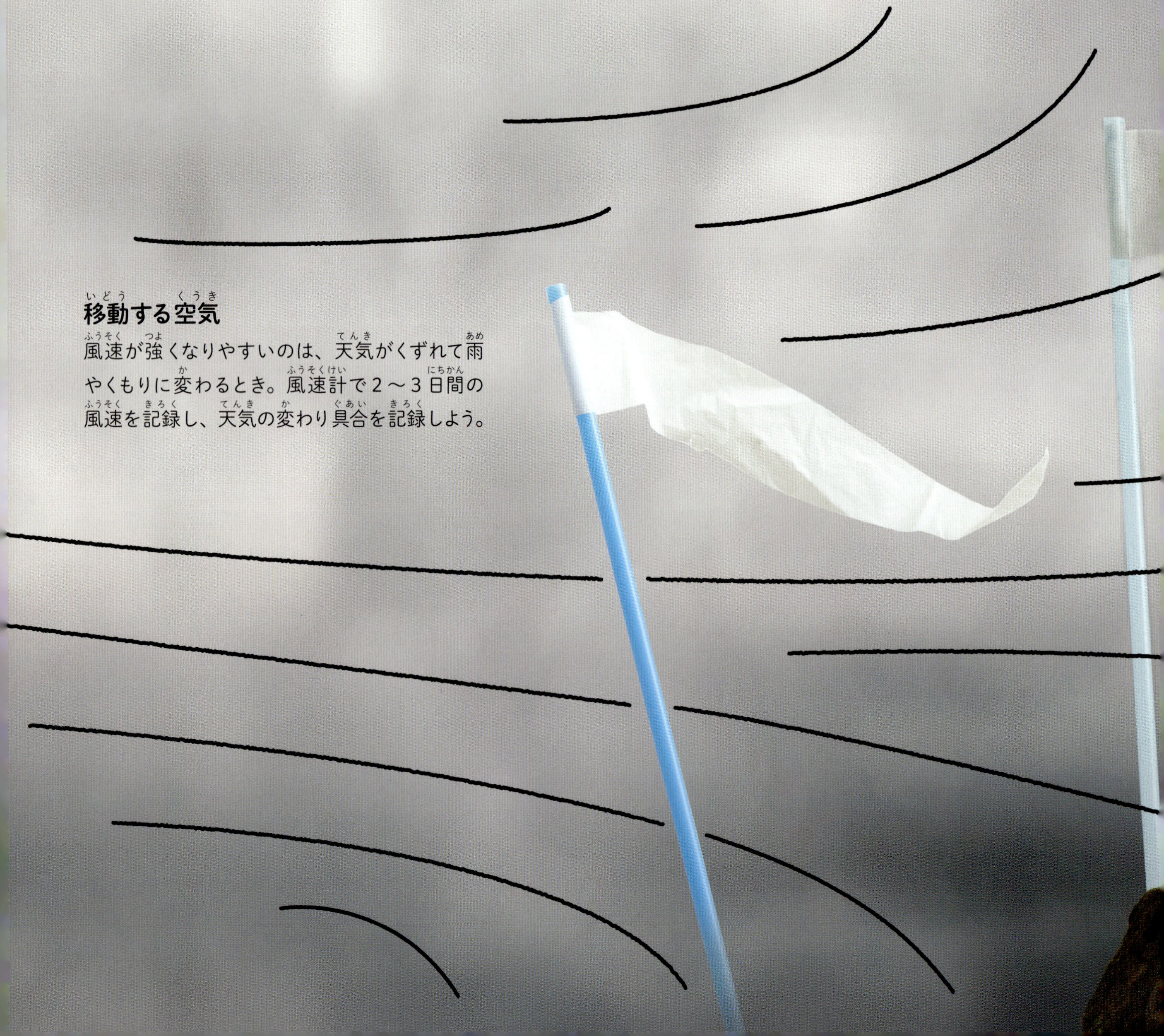

移動《いどう》する空気《くうき》

風速《ふうそく》が強《つよ》くなりやすいのは、天気《てんき》がくずれて雨《あめ》やくもりに変《か》わるとき。風速計《ふうそくけい》で２～３日間《にちかん》の風速《ふうそく》を記録《きろく》し、天気《てんき》の変《か》わり具合《ぐあい》を記録《きろく》しよう。

分度器《ぶんどき》でピンポン玉《だま》の
揺《ゆ》れる角度《かくど》を測《はか》る
風《かぜ》が吹《ふ》くと
ピンポン玉《だま》が押《お》される

ピンポン玉風速計《だまふうそくけい》の作《つく》り方《かた》

作《つく》り方《かた》は複雑《ふくざつ》なので、ゆっくり時間《じかん》をかけて、手順《てじゅん》どおり丁寧《ていねい》に進《すす》めてね。靴箱《くつばこ》で作《つく》ったフレームの中《なか》に、ピンポン玉《だま》をひもでぶら下《さ》げます。完成《かんせい》したら、ピンポン玉《だま》に風《かぜ》があたりやすい場所《ばしょ》に風速計《ふうそくけい》を置《お》きます。風《かぜ》が強《つよ》く吹《ふ》くほど、ピンポン玉《だま》の揺《ゆ》れる角度《かくど》も大《おお》きくなるよ。

時間《じかん》
1時間《じかん》＋絵《え》の具《ぐ》の乾燥時間《かんそうじかん》

難易度《なんいど》
☆☆☆

準備《じゅんび》するもの

ものさし
はさみ
両面《りょうめん》テープ
セロハンテープ
ピンポン玉《だま》
分度器《ぶんどき》
絵《え》の具《ぐ》
ペーパークリップ
画《が》びょう
接着《せっちゃく》パテ
絵筆《えふで》
ひも
えんぴつ
小石《こいし》
靴箱《くつばこ》
色画用紙《いろがようし》
段《だん》ボール
ストロー
竹串《たけぐし》
ビニール袋《ぶくろ》

1 靴箱《くつばこ》の3つの大《おお》きな面《めん》それぞれに、端《はし》から1.5cmのところにしるしをつけます。このしるしを結《むす》ぶようにして3面《めん》それぞれに長方形《ちょうほうけい》を書《か》きます。

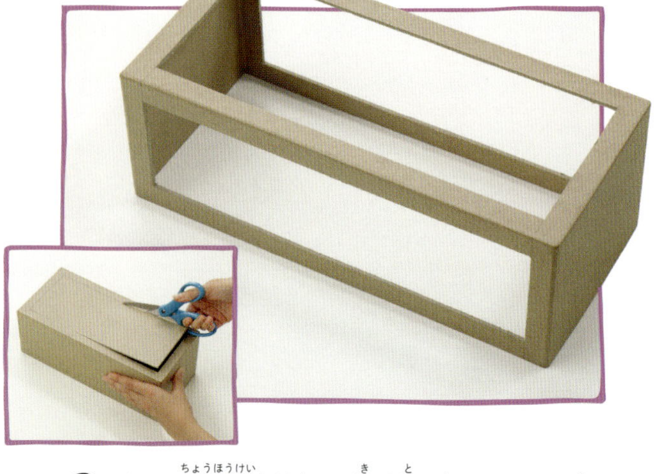

2 3つの長方形《ちょうほうけい》をはさみで切《き》り取《と》ると、フレームができるよ。

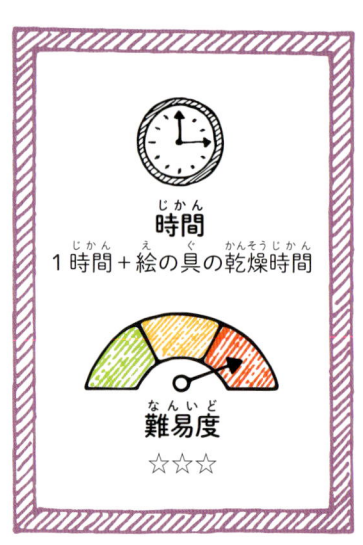

3 段《だん》ボールに長《なが》さ 8cm、幅《はば》 4cm の長方形《ちょうほうけい》を書《か》きます。この長方形《ちょうほうけい》の真《ま》ん中《なか》に、縦線《たてせん》を書《か》き入《い》れます。長方形《ちょうほうけい》をはさみで切《き》り取《と》ります。

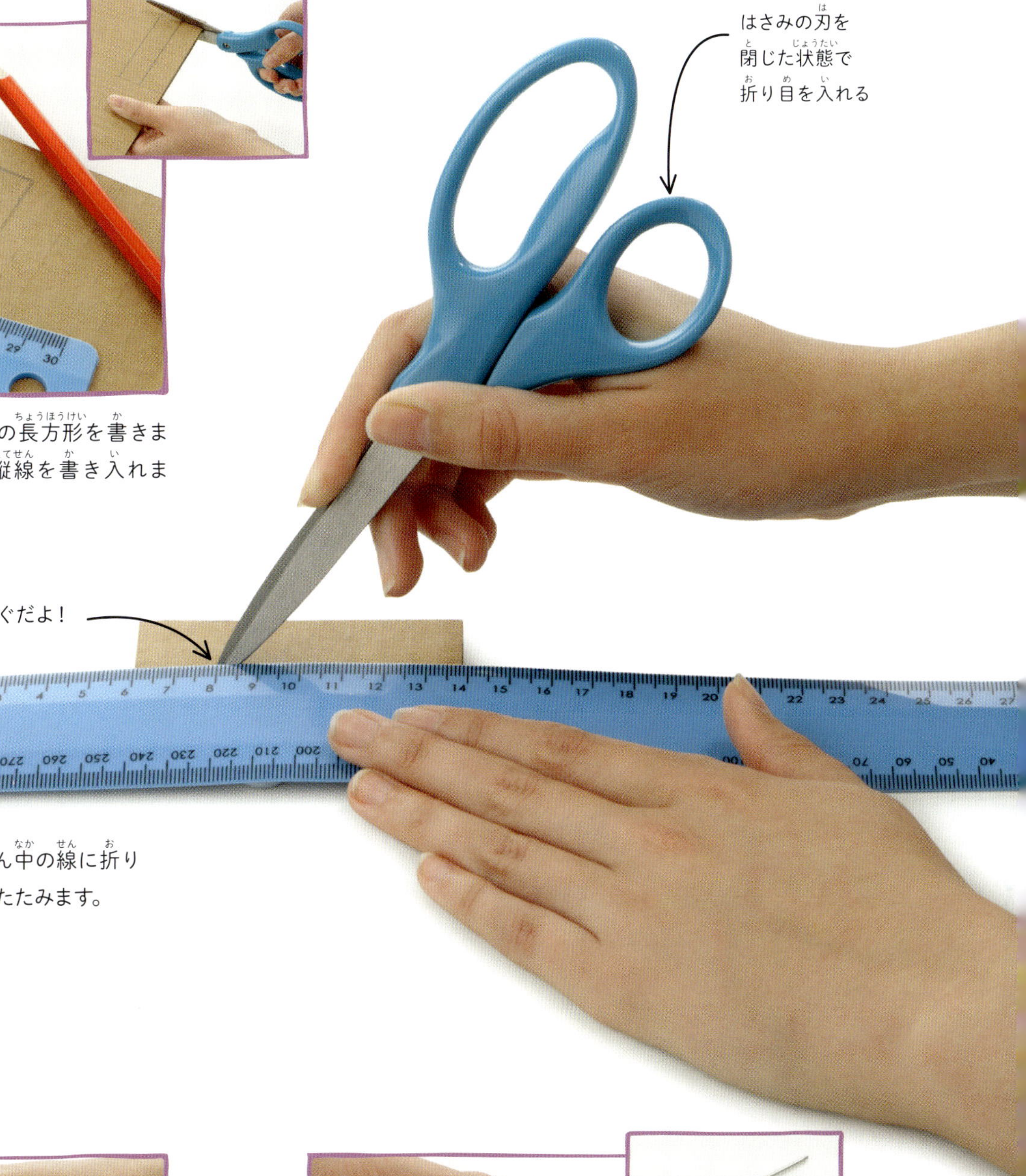
はさみの刃《は》を
閉《と》じた状態《じょうたい》で
折《お》り目《め》を入《い》れる
線《せん》はまっすぐだよ！

4 ものさしとはさみを使《つか》って、真《ま》ん中《なか》の線《せん》に折《お》り目《め》をつけ、この線《せん》に沿《そ》って折《お》りたたみます。

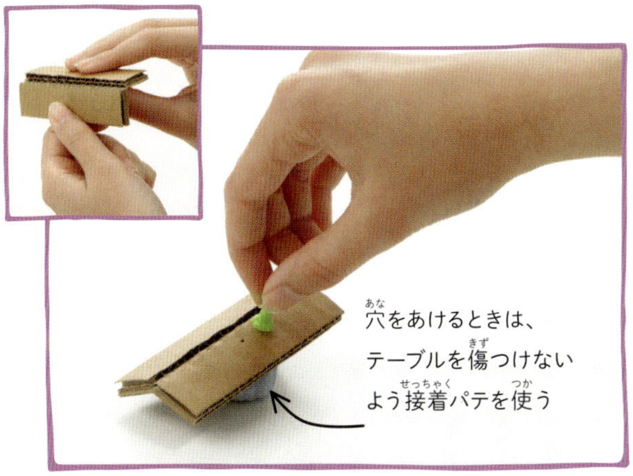
穴《あな》をあけるときは、
テーブルを傷《きず》つけない
よう接着《せっちゃく》パテを使《つか》う

5 この長方形《ちょうほうけい》の片面《かためん》に、画《が》びょうで穴《あな》を2つあけます。穴《あな》の位置《いち》はそれぞれの端《はし》から 3.5cm のところ、2つの穴《あな》の間《あいだ》は 1cm ほど離《はな》します。

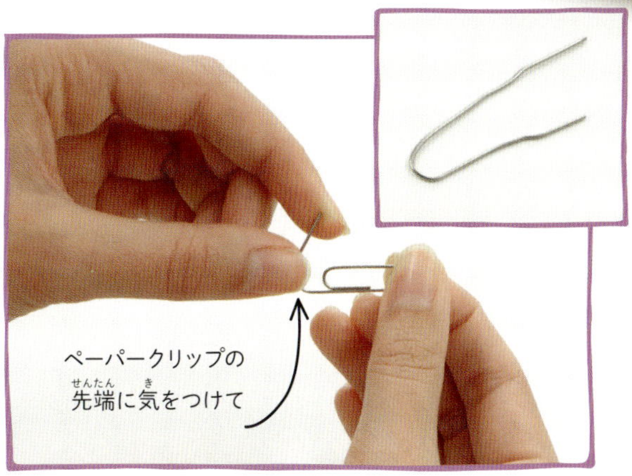
ペーパークリップの
先端《せんたん》に気《き》をつけて

6 つぎに、ペーパークリップを広《ひろ》げて U 字型《じがた》にします。やりにくければ、大人《おとな》の人《ひと》に手伝《てつだ》ってもらおう。

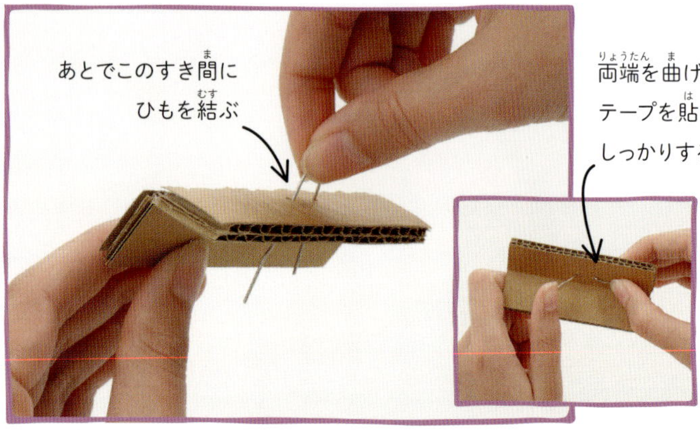
あとでこのすき間《ま》に
ひもを結《むす》ぶ
両端《りょうたん》を曲《ま》げて固定《こてい》する。
テープを貼《は》るとさらに
しっかりするよ！

7 ペーパークリップの両端《りょうたん》を2つの穴《あな》に差《さ》します。上《うえ》に小《ちい》さな輪《わ》っか状《じょう》のすき間《ま》を残《のこ》し、両端《りょうたん》は外側《そとがわ》に曲《ま》げます。

8 画用紙《がようし》の上《うえ》で分度器《ぶんどき》を囲《かこ》む線《せん》をなぞり、半円形《はんえんけい》に切《き》り取《と》ります。（分度器《ぶんどき》の代《か》わりに付録《ふろく》のテンプレート（154ページ）を使《つか》ってもいいよ。）

9 半円形《はんえんけい》の紙《かみ》に両面《りょうめん》テープを2枚《まい》貼《は》ります。はく離《り》紙《し》をはがし、分度器《ぶんどき》に貼《は》りつけます。

分度器《ぶんどき》の直線《ちょくせん》を
クリップのすき間《ま》の
すぐ下《した》に合《あ》わせる

10 さらに両面《りょうめん》テープで手順《てじゅん》7の段《だん》ボールに分度器《ぶんどき》をくっつけます。分度器《ぶんどき》の円側《えんがわ》を下向《したむ》きにしてね。

11 両面《りょうめん》テープをもう1枚《まい》切《き》り、段《だん》ボールの反対側《はんたいがわ》に貼《は》り、はく離紙《りし》をはがします。

分度器《ぶんどき》の目《め》盛《も》りが
見《み》えやすいように

12 段《だん》ボールを靴箱《くつばこ》（手順《てじゅん》2）の内側《うちがわ》にくっつけます。

13 フレーム全体《ぜんたい》とピンポン玉《だま》に絵《え》の具《ぐ》を塗《ぬ》り、乾燥《かんそう》させます。分度器《ぶんどき》は塗《ぬ》らないでね！

作業《さぎょう》は
接着《せっちゃく》パテの上《うえ》で

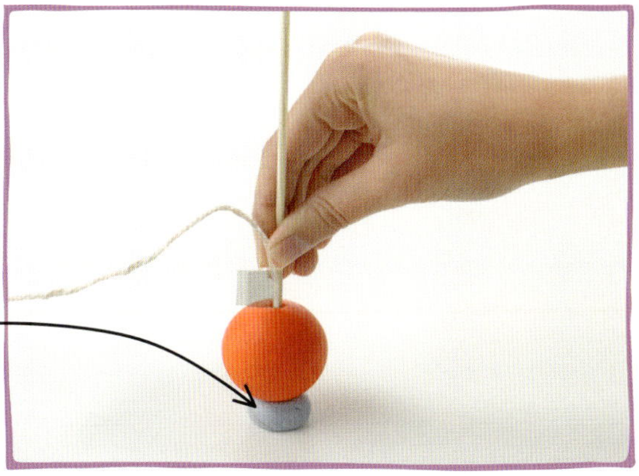

14 竹串《たけぐし》のとがった先《さき》にひもをテープで貼《は》り、ピンポン玉《だま》に突《つ》き刺《さ》し、貫通《かんつう》させます。ひもを持《も》ちながらテープをはがしたら、ピンポン玉《だま》から竹串《たけぐし》を引《ひ》き抜《ぬ》きます。竹串《たけぐし》はもう使《つか》いません。

15 ピンポン玉《だま》をフレームの上《うえ》からぶら下《さ》げたときに、ぎりぎり下《した》につかないくらいの長《なが》さでひもを切《き》ります。ピンポン玉《だま》が落《お》ちないよう、ひもの片端《かたはし》に結《むす》び目《め》を作《つく》ります。

やりにくければ
大人《おとな》の人《ひと》に
手伝《てつだ》ってもらおう

16 ひもの反対側《はんたいがわ》の端《はし》はペーパークリップに通《とお》して結《むす》びます。

17 接着《せっちゃく》パテのかたまりを、分度器《ぶんどき》の後《うし》ろ側《がわ》とフレームに押《お》しつけ、分度器《ぶんどき》が垂直《すいちょく》になるようにします。

18 ビニール袋《ぶくろ》を切《き》って小《ち》さな旗《はた》を作《つく》り、ストローの端《はし》にテープでとめます。

19 フレームのいちばん上《うえ》にストローをテープで固定《こてい》します。風速計《ふうそくけい》を外《そと》に持《も》ち出《だ》してみよう！

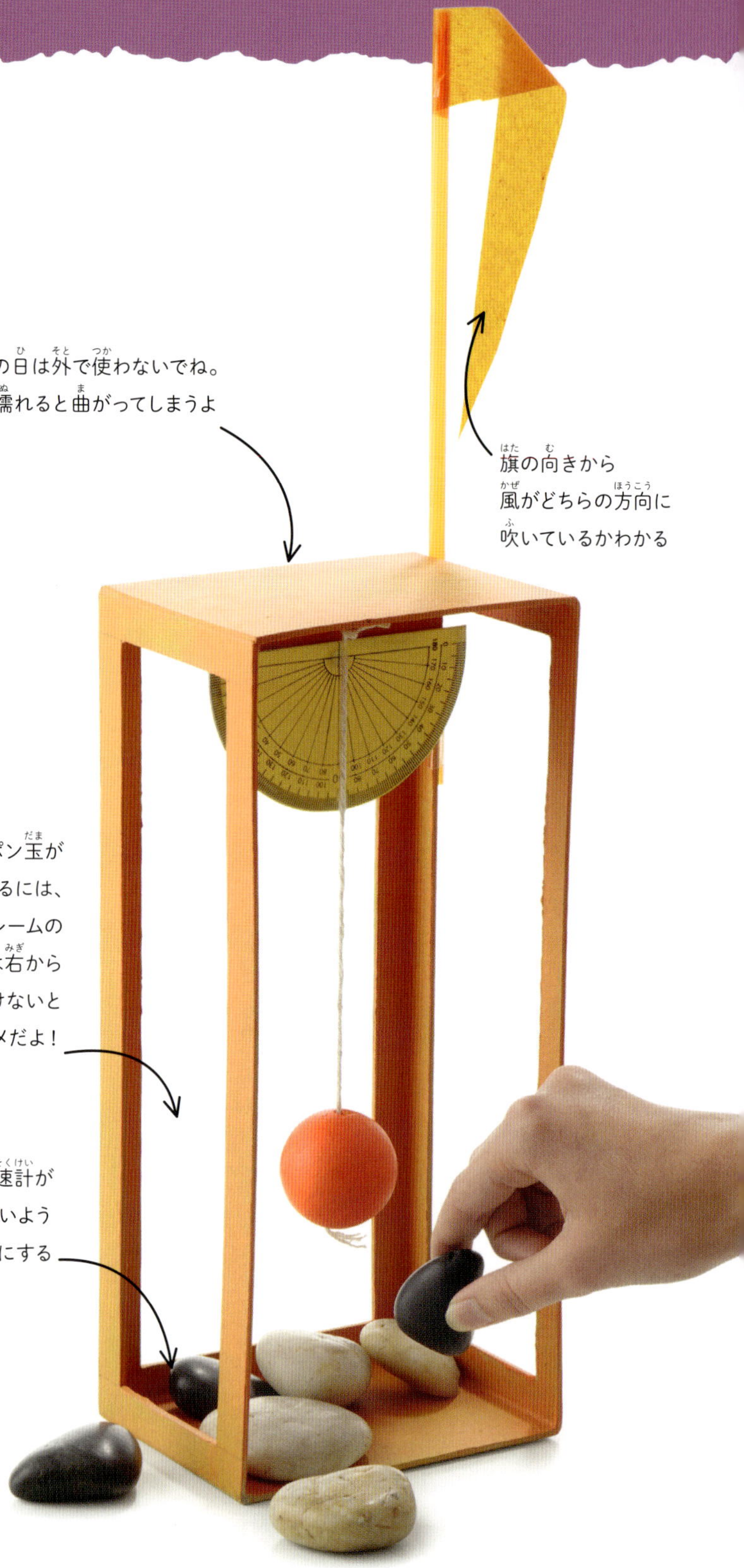
雨《あめ》の日《ひ》は外《そと》で使《つか》わないでね。
紙《かみ》が濡《ぬ》れると曲《ま》がってしまうよ
旗《はた》の向《む》きから
風《かぜ》がどちらの方向《ほうこう》に
吹《ふ》いているかわかる
ピンポン玉《だま》が
横向《よこむ》きに揺《ゆ》れるには、
風《かぜ》がフレームの
左《ひだり》または右《みぎ》から
吹《ふ》き抜《ぬ》けないと
ダメだよ！
風速計《ふうそくけい》が
倒《たお》れないよう
小石《こいし》を重《おも》しにする

20 旗《はた》が左《ひだり》か右《みぎ》になびくように風速計《ふうそくけい》を置《お》きます。正確《せいかく》に測《はか》れるよう、建物《たてもの》や木《き》のそばは避《さ》けてね。フレームの底《そこ》に小石《こいし》を置《お》いたら観察《かんさつ》スタート！ 風《かぜ》が吹《ふ》くと、ピンポン玉《だま》が揺《ゆ》れるので、ひもの角度《かくど》を分度器《ぶんどき》でチェックします。右《みぎ》ページの表《ひょう》から、風速《ふうそく》を確認《かくにん》しよう。

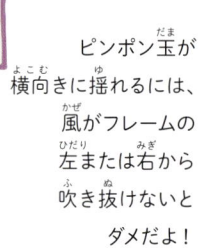

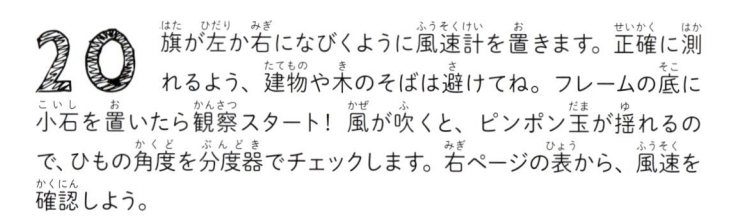

どうしてこうなるの？

風《かぜ》が吹《ふ》く、つまり空気《くうき》が動《うご》くと、空気《くうき》はピンポン玉《だま》を横《よこ》から押《お》します。ピンポン玉《だま》はひもでぶら下《さ》がっているので左右《さゆう》に揺《ゆ》れます。風《かぜ》の吹《ふ》くスピードが速《はや》くなればなるほど押《お》す力《ちから》は強《つよ》くなり、ピンポン玉《だま》はさらに大《おお》きく揺《ゆ》れます。下《した》の表《ひょう》を使《つか》うと、ひもが指《さ》した角度《かくど》からおおよその風速《ふうそく》がわかるよ。

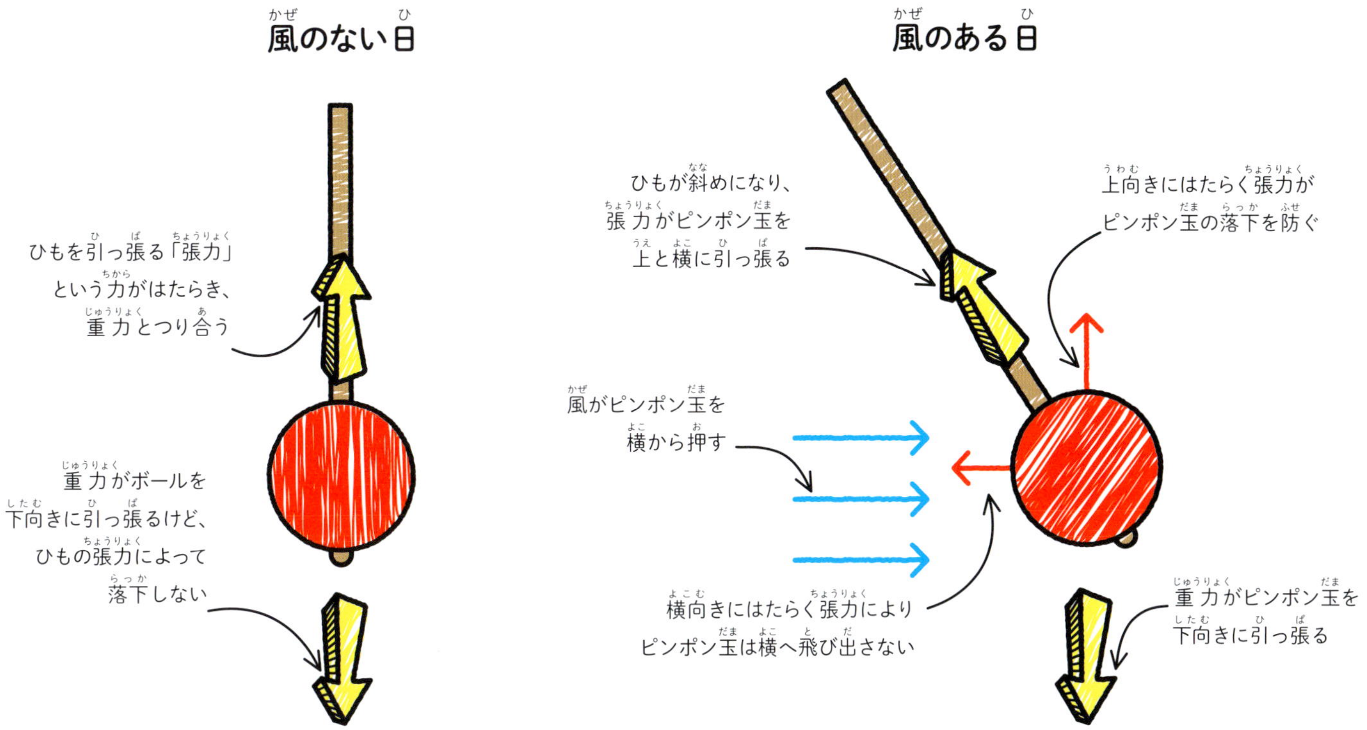
風《かぜ》のない日《ひ》
ひもを引《ひ》っ張《ば》る「張力《ちょうりょく》」という力《ちから》がはたらき、重力《じゅうりょく》とつり合《あ》う
重力《じゅうりょく》がボールを下向《したむ》きに引《ひ》っ張《ば》るけど、ひもの張力《ちょうりょく》によって落下《らっか》しない
風《かぜ》のある日《ひ》
ひもが斜《なな》めになり、張力《ちょうりょく》がピンポン玉《だま》を上《うえ》と横《よこ》に引《ひ》っ張《ば》る
上向《うわむ》きにはたらく張力《ちょうりょく》がピンポン玉《だま》の落下《らっか》を防《ふせ》ぐ
風《かぜ》がピンポン玉《だま》を横《よこ》から押《お》す
横向《よこむ》きにはたらく張力《ちょうりょく》によりピンポン玉《だま》は横《よこ》へ飛《と》び出《だ》さない
重力《じゅうりょく》がピンポン玉《だま》を下向《したむ》きに引《ひ》っ張《ば》る

ひもの角度《かくど》		90°	85°	80°	75°	70°	65°	60°	55°	50°	45°	40°	35°	30°	25°	20°
風速《ふうそく》	km/h (時速《じそく》)	0	9	13	16	19	22	24	26	29	32	34	38	42	46	52
	mph (マイル時速《じそく》)	0	$5\frac{1}{2}$	8	10	12	$13\frac{1}{2}$	15	16	18	20	21	$23\frac{1}{2}$	26	$28\frac{1}{2}$	32

現実世界《げんじつせかい》では？

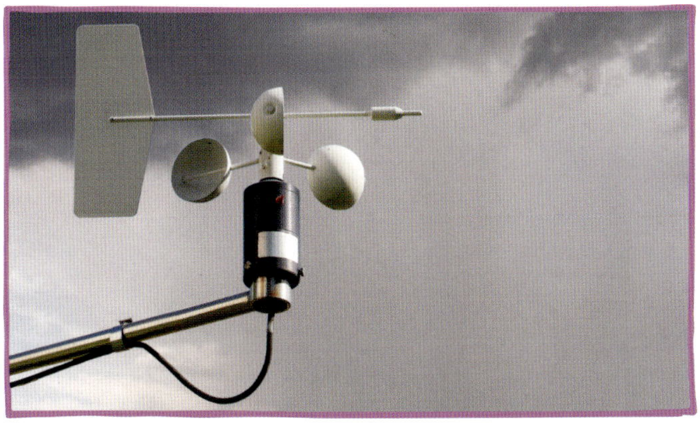

風速《ふうそく》の測定《そくてい》

気象台《きしょうだい》では、気象学者《きしょうがくしゃ》（気象予報士《きしょうよほうし》）が長《なが》い時間《じかん》かけて気象《きしょう》条件《じょうけん》を観察《かんさつ》・記録《きろく》しています。気象学者《きしょうがくしゃ》が使《つか》う風速計《ふうそくけい》は「風杯《ふうはい》型風速計《がたふうそくけい》」といって、垂直《すいちょく》の支柱《しちゅう》に３つか４つのカップが取《と》りつけられています。風《かぜ》の力《ちから》でカップが回《まわ》り、支柱《しちゅう》に接続《せつぞく》されたジェネレーター（発電機《はつでんき》）が回転《かいてん》します。風《かぜ》のスピードが速《はや》くなるほど、多《おお》くの電力《でんりょく》が作《つく》り出《だ》されます。生《う》み出《だ》された電力量《でんりょくりょう》をコンピューターが分析《ぶんせき》し、風速《ふうそく》を記録《きろく》しています。

ひび割《わ》れ岩石《がんせき》

今回《こんかい》は、岩石《がんせき》の小《ちい》さなひびに水《みず》が入《はい》ると起《お》こる「凍結《とうけつ》と融解《ゆうかい》」の作用《さよう》について学《まな》んでいこう。気温《きおん》は夜《よる》になると下《さ》がり、日中《にっちゅう》になると上《あ》がるよね。これに合《あ》わせて、水《みず》も凍《こお》る・溶《と》けるをくり返《かえ》します。水《みず》は凍《こお》ると膨張《ぼうちょう》する数少《かずすく》ない液体《えきたい》の1つ。だから、長《なが》い時間《じかん》かけて凍《こお》る・溶《と》けるがくり返《かえ》されると、岩石《がんせき》のひび割《わ》れがどんどん広《ひろ》がって、大《おお》きな岩《いわ》でも粉々《こなごな》に砕《くだ》けちゃうんだ。

この風船《ふうせん》に入《はい》っているのは
空気《くうき》だけなので、
岩石《がんせき》にひびが入《はい》らない

空気《くうき》と水《みず》

焼《しょう》セッコウで作《つく》る岩石《がんせき》の中《なか》に水《みず》を入《い》れた青《あお》い風船《ふうせん》を入《い》れ、「凍結《とうけつ》と融解《ゆうかい》」の現象《げんしょう》を再現《さいげん》します。岩石《がんせき》がすり減《へ》る「浸食《しんしょく》」という現象《げんしょう》は、自然界《しぜんかい》ではとてもゆっくり発生《はっせい》するものだけど、この実験《じっけん》では一夜《いちや》にして岩石《がんせき》にひびが入《はい》っちゃうよ！

焼《しょう》セッコウ、土《つち》、砂《すな》、
水《みず》を混《ま》ぜて
岩石《がんせき》を作《つく》るよ
凍《こお》らせると風船《ふうせん》の中《なか》の
水《みず》が膨張《ぼうちょう》し、
岩石《がんせき》にひびが入《はい》る

ひび割《わ》れ岩石《がんせき》の作《つく》り方《かた》

この実験《じっけん》は根気強《こんきづよ》くやらなくちゃだめだよ！ 焼《しょう》セッコウを固《かた》めるのに１日《にち》、冷凍庫《れいとうこ》で凍《こお》らせるのにもう１日《にち》かかるからね。肌《はだ》が弱《よわ》い人《ひと》は、焼《しょう》セッコウを触《さわ》るときは保護手袋《ほごてぶくろ》をしましょう。

時間《じかん》
30分《ぷん》
＋
乾燥《かんそう》と凍結《とうけつ》に48時間《じかん》

難易度《なんいど》
☆☆☆

注意《ちゅうい》
焼《しょう》セッコウの作業《さぎょう》は大人《おとな》の人《ひと》に手伝《てつだ》ってもらおう

準備《じゅんび》するもの

プラスチックカップ４個《こ》
赤《あか》い風船《ふうせん》
アイススティック棒《ぼう》（わりばしでもいいよ）
えんぴつ
青《あお》い風船《ふうせん》
はさみ
接着《せっちゃく》パテ
焼《しょう》セッコウ
水《みず》を入《い》れた計量《けいりょう》カップ
プラスチックカップに2/3ずつ
土《つち》
砂《すな》

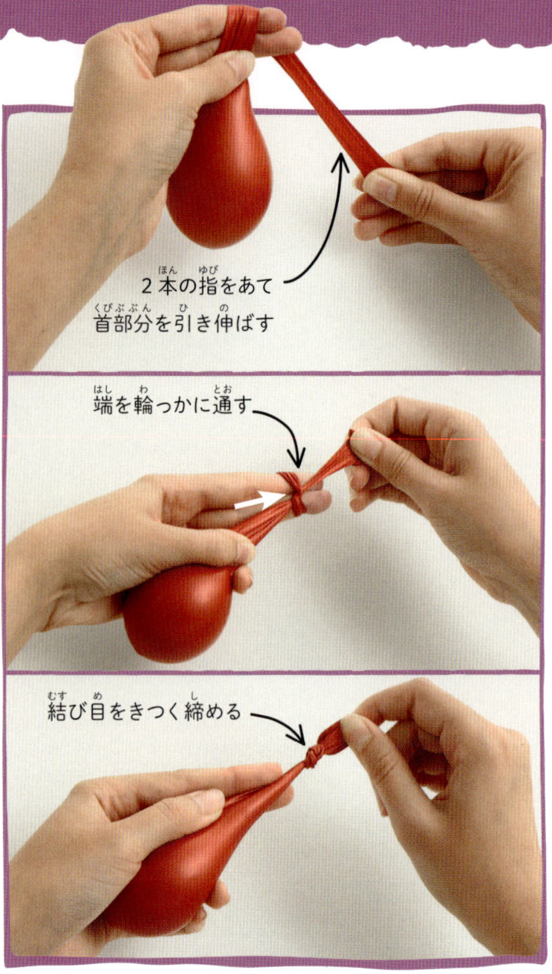
２本《ほん》の指《ゆび》をあて
首部分《くびぶぶん》を引《ひ》き伸《の》ばす
端《はし》を輪《わ》っかに通《とお》す
結《むす》び目《め》をきつく締《し》める

1 赤《あか》い風船《ふうせん》を少《すこ》しだけふくらませ、首《くび》の根元《ねもと》で結《むす》びます。２本《ほん》の指《ゆび》を首部分《くびぶぶん》にあてて輪《わ》っかを作《つく》るように引《ひ》き伸《の》ばし、端《はし》を輪《わ》っかに通《とお》したら、指《ゆび》を引《ひ》き抜《ぬ》きながらきつく引《ひ》っ張《ぱ》るといいよ。やりにくければ、大人《おとな》の人《ひと》に手伝《てつだ》ってもらおう。

外《そと》か台所《だいどころ》で
やろうね

2 青《あお》い風船《ふうせん》に水《みず》を入《い》れ、赤《あか》い風船《ふうせん》と同《おな》じくらいのサイズにします。水《みず》をこぼさないよう気《き》をつけながら、首《くび》の根元《ねもと》で結《むす》びます。

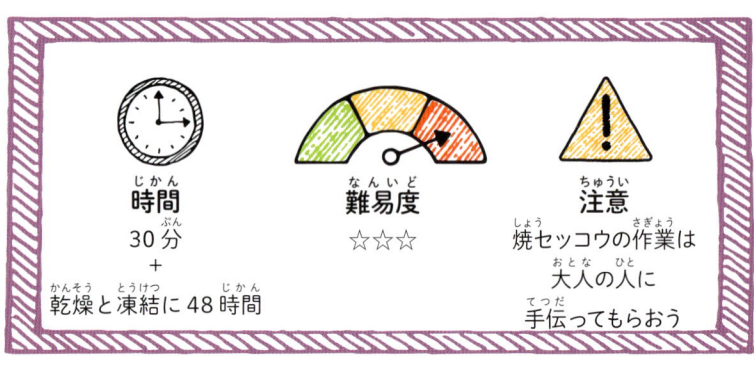

3 接着《せっちゃく》パテの上《うえ》にプラスチックカップを置《お》き、カップの底《そこ》にえんぴつの先《さき》で穴《あな》をあけます。もう1つのカップにも同《おな》じように穴《あな》をあけます。

えんぴつの先端《せんたん》で風船《ふうせん》を割《わ》らないようにね！

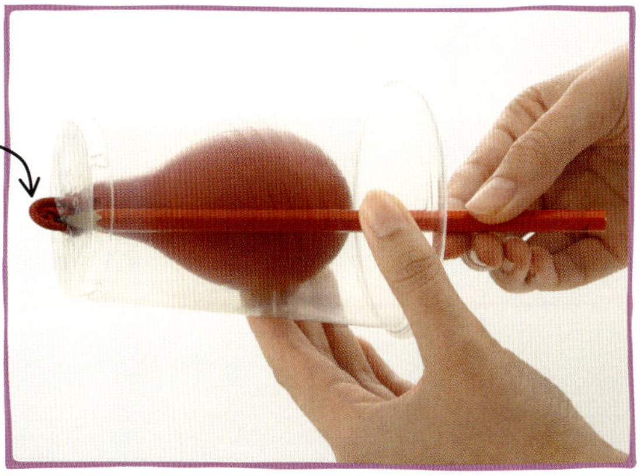

4 えんぴつを使《つか》って、赤《あか》い風船《ふうせん》の結《むす》び目《め》をカップの穴《あな》に通《とお》します。青《あお》い風船《ふうせん》も同《おな》じように、もう1つのカップの穴《あな》に通《とお》します。

水《みず》が入《はい》った風船《ふうせん》と空気《くうき》が入《はい》った風船《ふうせん》を取《と》りつけた2つのカップ

5 2つのカップを逆《さか》さまに立《た》てます。風船《ふうせん》がカップの側面《そくめん》にあたらないようにしてね。

接着《せっちゃく》パテで風船《ふうせん》を固定《こてい》し、穴《あな》をふさぐ

6 接着《せっちゃく》パテで平《ひら》たい円盤《えんばん》を2つ作《つく》り、風船《ふうせん》の結《むす》び目《め》の上《うえ》から押《お》さえつけます。

7 手順《てじゅん》6でできたカップをそれぞれ、準備《じゅんび》した残《のこ》りの2つのカップに重《かさ》ねます。これは、焼《しょう》セッコウがこぼれるのを防《ふせ》ぐためです。

8 焼《しょう》セッコウのカップに水《みず》を少《すこ》しずつくわえ、どろっとなったら、アイススティック棒《ぼう》で混《ま》ぜます。

水《みず》をくわえると焼《しょう》セッコウは泡《あわ》を立《た》てて温《あたた》かくなる

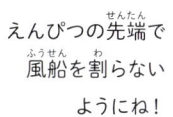

かたくなりすぎたら、
水《みず》を少《すこ》しくわえて
混《ま》ぜる

9 焼《しょう》セッコウに砂《すな》と土《つち》をくわえ、アイススティック棒《ぼう》でよく混《ま》ぜます。

10 赤《あか》い風船《ふうせん》の上《うえ》に、手順《てじゅん》9のセッコウを注《そそ》ぎ入《い》れます。もう1つの焼《しょう》セッコウのカップでも手順《てじゅん》8と9をくり返《かえ》し、青《あお》い風船《ふうせん》の上《うえ》に注《そそ》ぎ入《い》れます。

11 焼《しょう》セッコウ、土《つち》、砂《すな》の中《なか》に、1つには赤《あか》い風船《ふうせん》が、もう1つには青《あお》い風船《ふうせん》が入《はい》っていますね。安定《あんてい》した場所《ばしょ》で一晩《ひとばん》おき、固《かた》めます。

12 1日経《にちた》つと、セッコウが岩《いわ》のように固《かた》まっています。外側《そとがわ》のカップを取《と》り外《はず》し、風船《ふうせん》の結《むす》び目《め》につけた接着《せっちゃく》パテもはがします。

結《むす》び目《め》は
残《のこ》す

13 風船《ふうせん》の結《むす》び目《め》より上《うえ》を切《き》り落《お》とします。結《むす》び目《め》を切《き》って風船《ふうせん》がしぼまないよう気《き》をつけてね。

14 プラスチックカップにはさみで切《き》れ目《め》を入《い》れ、カップをむくようにはがします。風船《ふうせん》の結《むす》び目《め》が突《つ》き出《で》た岩石《がんせき》ができました。

カップの端《はし》は鋭《するど》いから
気《き》をつけて

15 2つの岩《いわ》を冷凍庫《れいとうこ》に入《い》れ、一晩《ひとばん》おきます。汚《よご》れないようトレイに載《の》せるといいかも。風船《ふうせん》の中《なか》の水《みず》と空気《くうき》、そしてセッコウの温度《おんど》が氷点下《ひょうてんか》になり、水《みず》は凍《こお》ります。

空気《くうき》は膨張《ぼうちょう》しない
(収縮《しゅうしゅく》する)ので、
赤《あか》い風船《ふうせん》の岩石《がんせき》には
ひびが入《はい》らない

16 つぎの日《ひ》、冷凍庫《れいとうこ》から2つの岩《いわ》を取《と》り出《だ》すとどうなっているかな? 水《みず》が入《はい》った青《あお》い風船《ふうせん》がふくらみ、岩石《がんせき》にひび割《わ》れができてるよね!

※氷《こおり》を溶《と》かしてからもう一度凍《いちどこお》らせるとどうなるかな?

どうしてこうなるの?

水《みず》は「分子《ぶんし》」というとても小《ちい》さな粒子《りゅうし》からできていて、1滴《てき》のしずくの中《なか》にも膨大《ぼうだい》な数《かず》の水分子《みずぶんし》があります。水《みず》が液体《えきたい》だと分子《ぶんし》は動《うご》き回《まわ》っていますが、水《みず》が凍《こお》ると六角形《ろっかくけい》に結合《けつごう》します。こうなると液体《えきたい》のときよりも広《ひろ》い空間《くうかん》を必要《ひつよう》とします。だから、水《みず》は冷凍庫《れいとうこ》の中《なか》で膨張《ぼうちょう》し、岩石《がんせき》にひびを入《い》れるのです。一方《いっぽう》で、空気分子《くうきぶんし》は冷《つめ》たくなると引《ひ》き寄《よ》せ合《あ》うので、赤《あか》い風船《ふうせん》は岩石《がんせき》に何《なん》の影響《えいきょう》も与《あた》えません。

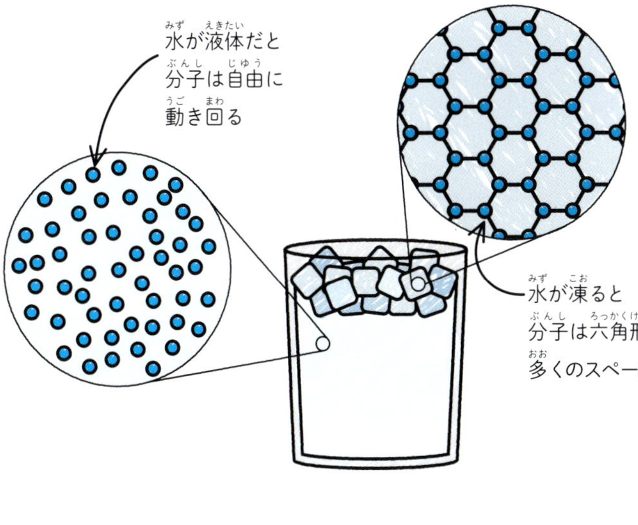
水《みず》が液体《えきたい》だと
分子《ぶんし》は自由《じゆう》に
動《うご》き回《まわ》る
水《みず》が凍《こお》ると
分子《ぶんし》は六角形《ろっかくけい》を作《つく》り、
多《おお》くのスペースを取《と》る

現実世界《げんじつせかい》では?

亀裂《きれつ》が入《はい》った岩石《がんせき》

この凍結《とうけつ》と融解《ゆうかい》の作用《さよう》が発生《はっせい》しやすいのは砂漠《さばく》。日中《にっちゅう》の気温《きおん》は50度《ど》にも達《たっ》し、夜《よる》には氷点下《ひょうてんか》まで下《さ》がるからです。この凍結《とうけつ》融解作用《ゆうかいさよう》により、岩《いわ》だけでなく家《いえ》の水道管《すいどうかん》にも亀裂《きれつ》が入《はい》ることがあります。車《くるま》のエンジンが壊《こわ》れる原因《げんいん》にもなるので、冬《ふゆ》の間《あいだ》はエンジン冷却《れいきゃく》システムに凍結防止剤《とうけつぼうしざい》を入《い》れて水《みず》の凍結《とうけつ》を防《ふせ》ぎます。

3

水《みず》の力《ちから》を実験《じっけん》しよう

この章《しょう》では、きっとこの地球上《ちきゅうじょう》で最《もっと》も重要《じゅうよう》でおもしろい物質《ぶっしつ》である水《みず》を使《つか》ったいろんな実験《じっけん》をするよ。液体《えきたい》としての水《みず》にはびっくりするような性質《せいしつ》があるから、巨大《きょだい》シャボン玉《だま》を作《つく》ったりして確《たし》かめてみよう。氷《こおり》を使《つか》ってアイスクリームを作《つく》る実験《じっけん》もあるよ！

ふわふわ浮《う》かぶ

小《ちい》さいシャボン玉《だま》は、表面《ひょうめん》の膜《まく》が引《ひ》っ張《ぱ》り合《あ》う力《ちから》（「表面張力《ひょうめんちょうりょく》」という）がとても強《つよ》いためきれいな球形《きゅうけい》ですが、空気《くうき》をほとんど含《ふく》まないので、あっという間《ま》に地面《じめん》に落《お》ちてしまいます。一方《いっぽう》、大《おお》きいシャボン玉《だま》はたくさんの空気《くうき》を含《ふく》んでいるので、長《なが》い間《あいだ》浮《う》かんでいられるのです。表面《ひょうめん》の膜《まく》の引《ひ》っ張《ぱ》る力《ちから》も弱《よわ》いので、くねくねうねったかたちになるよ。

巨大《きょだい》シャボン玉《だま》

大《おお》きくてカラフルなシャボン玉《だま》がふわふわ浮《う》かんでるのを想像《そうぞう》してみて。とてもきれいだよね！　この実験《じっけん》では、特殊《とくしゅ》なシャボン玉液《だまえき》とシャボン玉吹《だまふ》き具《ぐ》の作《つく》り方《かた》を教《おし》えるよ。大《おお》きくってキラキラ輝《かがや》くシャボン玉《だま》が作《つく》れるんだ。このシャボン玉《だま》は割《わ》れるとねばねばするので、作業《さぎょう》は屋外《おくがい》でやってね。

巨大《きょだい》シャボン玉《だま》の作《つく》り方《かた》

大《おお》きくて長持《ながも》ちするシャボン玉《だま》を作《つく》る絶好《ぜっこう》のチャンスは、雨降《あめふ》りの直前《ちょくぜん》または直後《ちょくご》の湿度《しつど》が高《たか》いときなんだよ。湿度《しつど》が高《たか》いということは、空気中《くうきちゅう》の水蒸気《すいじょうき》が多《おお》いということ。空気中《くうきちゅう》の水分《すいぶん》が多《おお》いと、シャボン玉《だま》の膜《まく》の水分《すいぶん》が蒸発《じょうはつ》するスピードがゆっくりになるので、シャボン玉《だま》が長持《ながも》ちするのです。

時間《じかん》
90分《ぷん》

難易度《なんいど》
☆☆

準備《じゅんび》するもの

木《き》のスプーン
ひも
(凧糸《たこいと》など)
コーンスターチ 1/2 カップ
グリセリン
大《おお》さじ1杯《ぱい》
ビニールテープ
ベーキングパウダー
大《おお》さじ1杯《ぱい》
台所用洗剤《だいどころようせんざい》 1/2 カップ
座金《ざがね》
(ねじ用《よう》ワッシャー)
ガーデニング用《よう》の棒《ぼう》2本《ほん》
水《みず》カップ5杯《はい》
はさみ
曲《ま》がるストロー2本《ほん》
バケツ

1 バケツに水《みず》を入《い》れます。ぬるま湯《ゆ》にすると材料《ざいりょう》が混《ま》ざりやすくなる。

2 コーンスターチをくわえ、木《き》のスプーンでかき混《ま》ぜます。底《そこ》にたまったら、もう一度《いちど》かき混《ま》ぜます。(コーンスターチの代《か》わりに洗濯《せんたく》のりでもできるよ。)

3 グリセリン、ベーキングパウダー、台所用洗剤《だいどころようせんざい》もくわえます。泡立《あわだ》ちすぎないよう静《しず》かに混《ま》ぜます。液《えき》はそのままで1時間《じかん》ほどおきますが、ときどきかき混《ま》ぜてね。

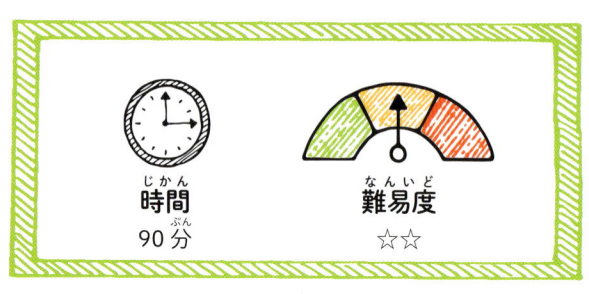

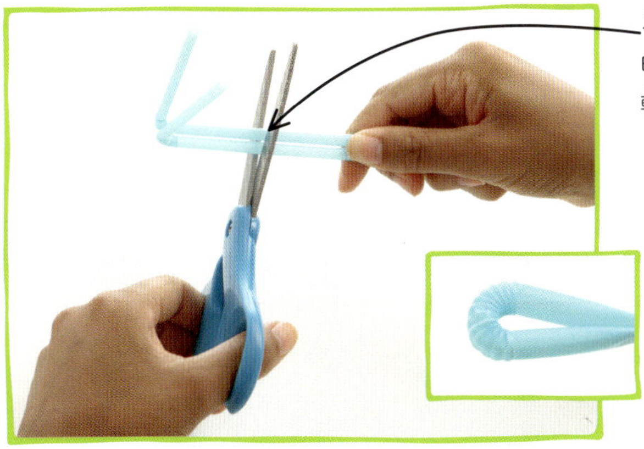

ストローの
曲《ま》がる部分《ぶぶん》で
輪《わ》っかを作《つく》る

4 つぎに、シャボン玉《だま》吹《ふ》き具《ぐ》を作《つく》ります。2本《ほん》のストローを半分《はんぶん》の長《なが》さに切《き》り、先《さき》を曲《ま》げて輪《わ》っかを作《つく》ります。

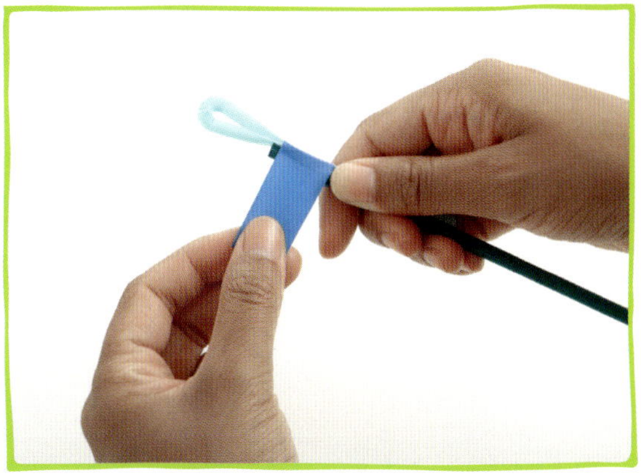

5 ストローの輪《わ》っかをガーデニング用《よう》の棒《ぼう》の先《さき》にあて、テープできつく巻《ま》いて固定《こてい》します。もう1本《ぽん》の棒《ぼう》にも同《おな》じように輪《わ》っかを固定《こてい》します。

6 ひもを2mの長《なが》さに切《き》ります。ひもの半分《はんぶん》の位置《いち》に座金《ざがね》を結《むす》ぶ、または輪《わ》っかにしてくくりつけます。これが重《おも》しになって、ひもが下《した》に引《ひ》っ張《ぱ》られます。

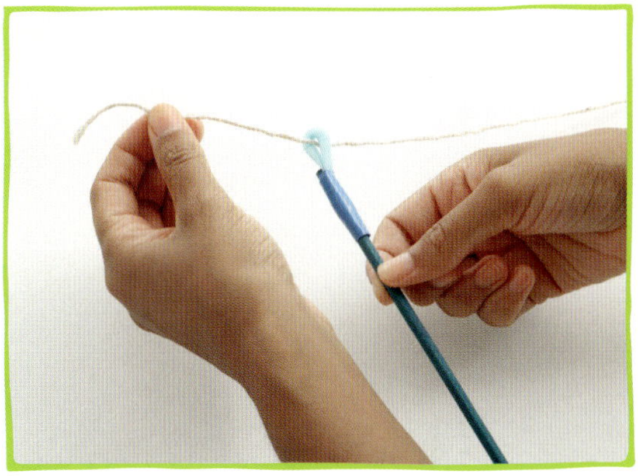

7 ひもの端《はし》をそれぞれストローの輪《わ》っかに通《とお》します。

8 ひもの両端《りょうたん》をそろえて結《むす》び、ひも全体《ぜんたい》が輪《わ》っかになるようにします。これで吹《ふ》き具《ぐ》が完成《かんせい》。早速《さっそく》シャボン玉《だま》を作《つく》ってみよう！

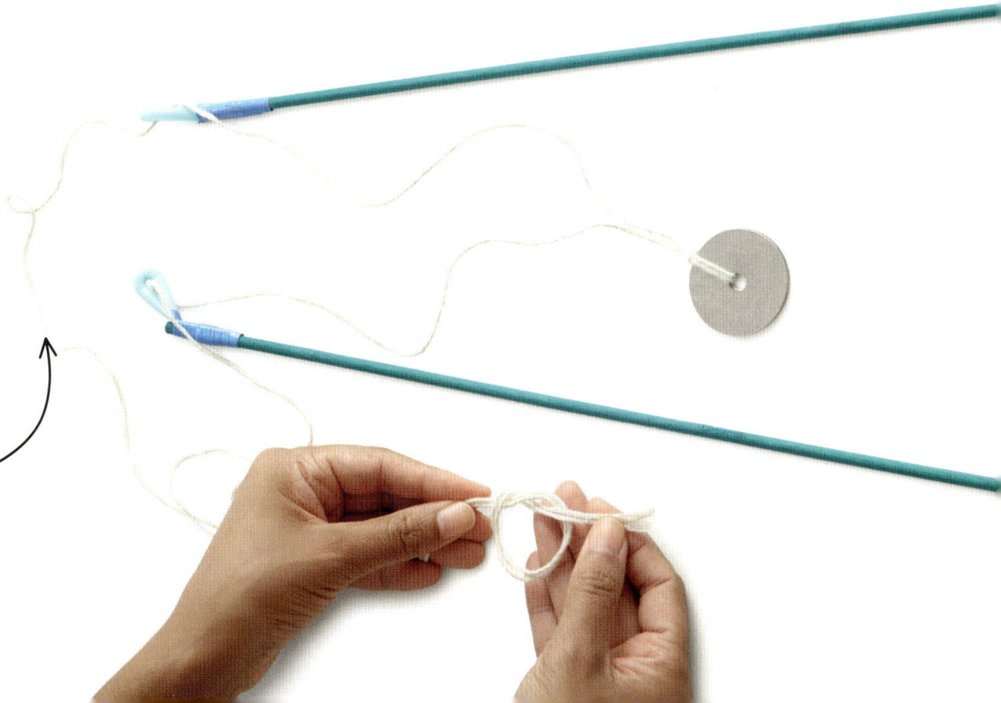

ひもの両端《りょうたん》を結《むす》ぶときに、
からまらないようにね

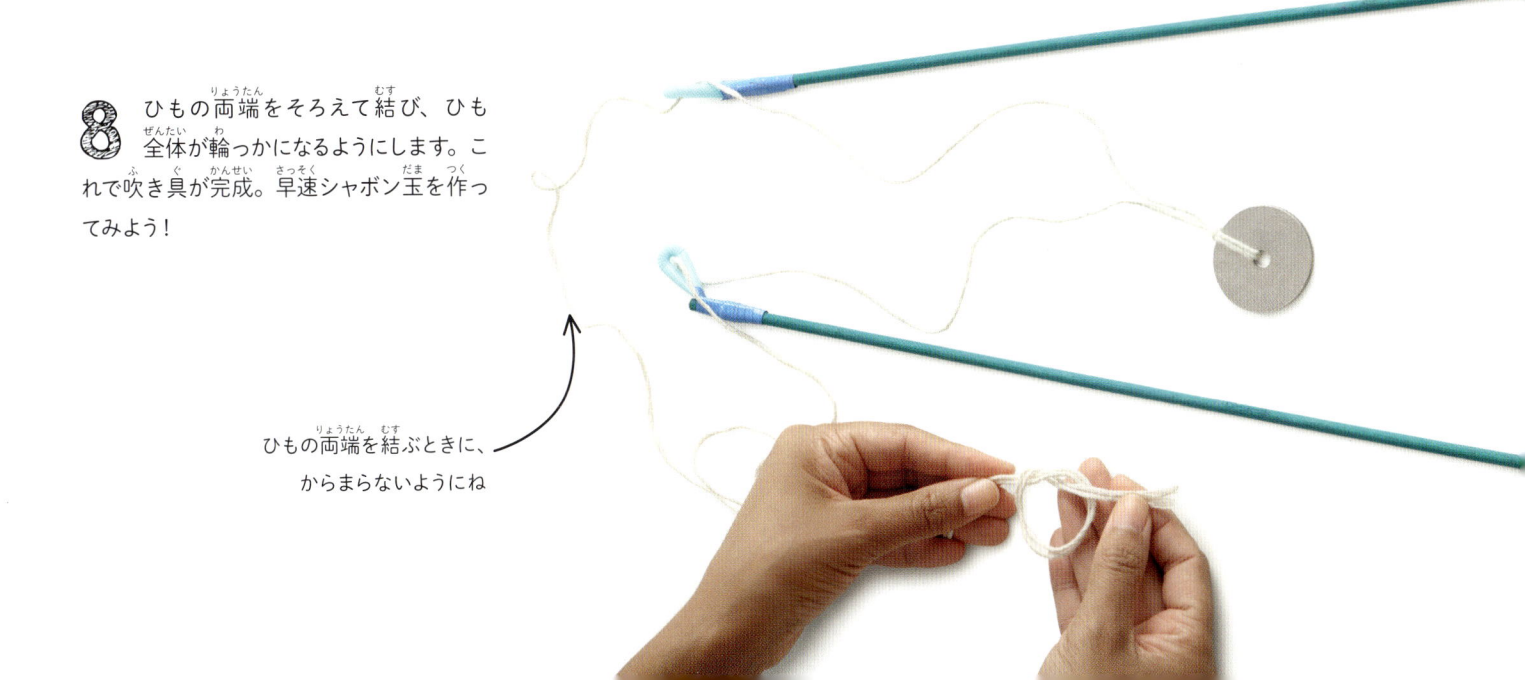

9 ひもをシャボン液《えき》に浸《つ》けて、くるくる回《まわ》します。２本《ほん》の棒《ぼう》はかなり近《ちか》づけて持《も》ち、ひもがシャボン液《えき》にしっかり浸《つ》かるようにします。棒《ぼう》をそっと持《も》ち上《あ》げるようにして、ひもをシャボン液《えき》から引《ひ》き上《あ》げます。

10 シャボン液《えき》から完全《かんぜん》に持《も》ち上《あ》げたら、２本《ほん》の棒《ぼう》をゆっくり引《ひ》き離《はな》します。棒《ぼう》を引《ひ》き離《はな》しながら１歩《ぽ》後《うし》ろに下《さ》がり、シャボン液《えき》の膜《まく》に空気《くうき》を閉《と》じ込《こ》めるようにします。シャボン玉《だま》を切《き》り離《はな》すには、２本《ほん》の棒《ぼう》をもう一度《いちど》近《ちか》づけます。何度《なんど》か練習《れんしゅう》すれば慣《な》れるよ！

吹《ふ》き具《ぐ》のひもの種類《しゅるい》を変《か》える、
シャボン液《えき》にほかの材料《ざいりょう》を
くわえるなどにも挑戦《ちょうせん》してみて！

こんなアレンジも！

ひもの内側《うちがわ》にできたシャボン玉《だま》の膜《まく》に手《て》を通《とお》してみよう！膜《まく》が破《やぶ》れるのは手《て》が乾《かわ》いてるときだけだよね。手《て》が乾《かわ》いていると、水分《すいぶん》がいろんな方向《ほうこう》に引《ひ》き戻《もど》されて膜《まく》が破《やぶ》れるのです。手《て》が濡《ぬ》れていると、膜《まく》の水分《すいぶん》が手《て》の水分《すいぶん》とくっつくので、手《て》を引《ひ》き抜《ぬ》くと再《ふたた》び膜《まく》がくっつきます。シャボン液《えき》による肌荒《はだあ》れが心配《しんぱい》なら、保護手袋《ほごてぶくろ》をつけてやってね。

どうしてこうなるの？

シャボン玉《だま》は風船《ふうせん》と似《に》ています。風船《ふうせん》は伸縮性《しんしゅくせい》のゴムで空気《くうき》を閉《と》じ込《こ》めるけど、シャボン玉《だま》は伸縮《しんしゅく》するシャボン膜《まく》で空気《くうき》を閉《と》じ込《こ》めます。水《みず》だけだと泡立《あわだ》たないのは、水分子《みずぶんし》が強力《きょうりょく》にくっついて、膜《まく》ではなく液体《えきたい》のかたまりを作《つく》るため。でも、洗剤《せんざい》をくわえると反応《はんのう》が違《ちが》ってきます。洗剤《せんざい》に含《ふく》まれる界面活性剤《かいめんかっせいざい》の分子《ぶんし》は必《かなら》ず、片側《かたがわ》が水《みず》と逆方向《ぎゃくほうこう》を向《む》き、もう片側《かたがわ》が水《みず》に引《ひ》き寄《よ》せられるので、水《みず》はその分子《ぶんし》にはさまれたとても薄《うす》い膜《まく》の中《なか》に閉《と》じ込《こ》められるのです。

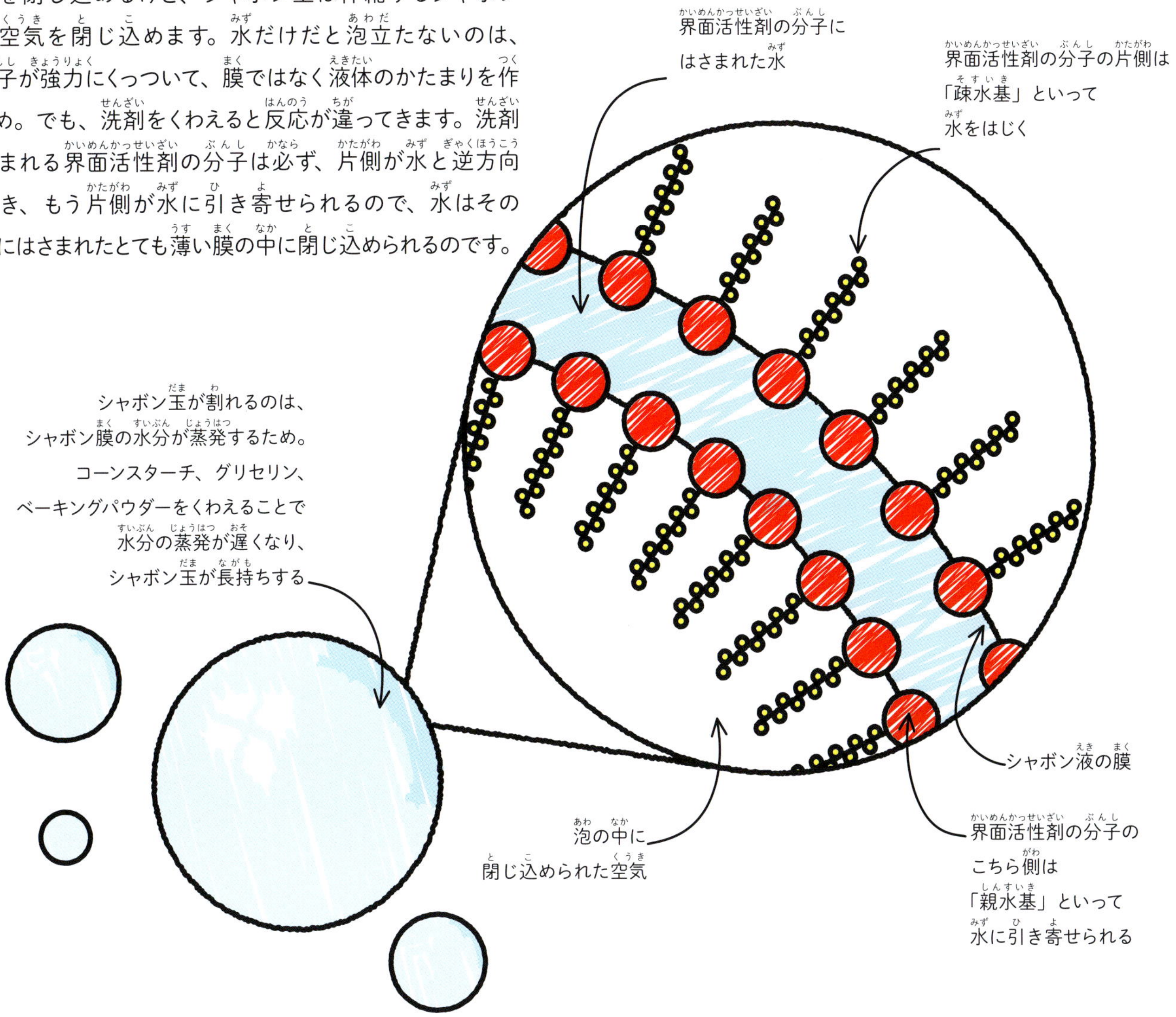
界面活性剤《かいめんかっせいざい》の分子《ぶんし》に
はさまれた水《みず》
界面活性剤《かいめんかっせいざい》の分子《ぶんし》の片側《かたがわ》は
「疎水基《そすいき》」といって
水《みず》をはじく
シャボン玉《だま》が割《わ》れるのは、
シャボン膜《まく》の水分《すいぶん》が蒸発《じょうはつ》するため。
コーンスターチ、グリセリン、
ベーキングパウダーをくわえることで
水分《すいぶん》の蒸発《じょうはつ》が遅《おそ》くなり、
シャボン玉《だま》が長持《ながも》ちする
シャボン液《えき》の膜《まく》
泡《あわ》の中《なか》に
閉《と》じ込《こ》められた空気《くうき》
界面活性剤《かいめんかっせいざい》の分子《ぶんし》の
こちら側《がわ》は
「親水基《しんすいき》」といって
水《みず》に引《ひ》き寄《よ》せられる

現実世界《げんじつせかい》では？

自然界《しぜんかい》の泡《あわ》

泡《あわ》は自然界《しぜんかい》でも見《み》つけられます。植物《しょくぶつ》や動物《どうぶつ》が生《う》み出《だ》す物質《ぶっしつ》の中《なか》には水《みず》に溶《と》けるものがあり、シャボン玉《だま》のように薄《うす》い水《みず》の膜《まく》を作《つく》って、中《なか》に空気《くうき》を閉《と》じ込《こ》めるのです。滝《たき》つぼのようにしぶきが上《あ》がるところには泡《あわ》ができやすいです。意図的《いとてき》に泡《あわ》を作《つく》り出《だ》せる動物《どうぶつ》もいます。この紫色《むらさきいろ》の巻《ま》き貝《がい》は粘液《ねんえき》の中《なか》に泡《あわ》を吹《ふ》き、これをいかだのようにして大海原《おおうなばら》を何百《なんびゃっ》キロと漂流《ひょうりゅう》します。

トルネード・ボトル

水《みず》が排水口《はいすいこう》に流《なが》れていくときやオールで船《ふね》をこぐときって、じょうごのようなかたちの渦巻《うずま》きができるよね。この水《みず》のねじれは、湖《みずうみ》、川《かわ》、そして海《うみ》でも、波《なみ》や潮《しお》によって水《みず》が反対方向《はんたいほうこう》に押《お》し流《なが》されるときに発生《はっせい》します。ペットボトル２本《ほん》、食品着色料《しょくひんちゃくしょくりょう》、強力《きょうりょく》なテープと水《みず》だけで、うっとりするような美《うつく》しい渦巻《うずま》き装置《そうち》を作《つく》ってみよう。

くるくる回《まわ》る水《みず》

この渦巻《うずま》き装置《そうち》は、２本《ほん》のペットボトルの口部分《くちぶぶん》をテープでつなぎ合《あ》わせて作《つく》ります。１本《ぽん》のボトルには水《みず》を満《まん》たんまで入《い》れ、もう１本《ぽん》には空気《くうき》だけを入《い》れます。装置《そうち》をひっくり返《かえ》し、上《うえ》のボトルに水《みず》が入《はい》った状態《じょうたい》にして軽《かる》く振《ふ》ってごらん。水《みず》がクルクル回転《かいてん》し始《はじ》め、渦巻《うずま》きができます。この装置《そうち》で渦巻《うずま》きを発生《はっせい》させるにはボトルを逆《さか》さまにひっくり返《かえ》すだけ、何度《なんど》だって使《つか》えるよ！

水《みず》が中心《ちゅうしん》に向《む》かって
内向《うちむ》きに回転《かいてん》する。
円《えん》の中心《ちゅうしん》に向《む》かう力《ちから》を
「求心力《きゅうしんりょく》」というよ
渦巻《うずま》きの中心《ちゅうしん》が
最《もっと》も回転《かいてん》が速《はや》い

トルネード・ボトルの作《つく》り方《かた》

この渦巻《うずま》き装置《そうち》は砂時計《すなどけい》にちょっと似《に》ているけど、砂《すな》ではなくて水《みず》を使《つか》うよ。作《つく》り方《かた》はとても簡単《かんたん》。ペットボトル2本《ほん》と色《いろ》をつけた水《みず》を用意《ようい》するだけ。ボトルのつなぎ目《め》から水《みず》が漏《も》れないよう、しっかりくっつけてね。

時間《じかん》
15分《ふん》

難易度《なんいど》
☆☆

準備《じゅんび》するもの

強粘着《きょうねんちゃく》テープ

接着《せっちゃく》パテ

計量《けいりょう》カップ

ペットボトル（大《だい》）2本《ほん》

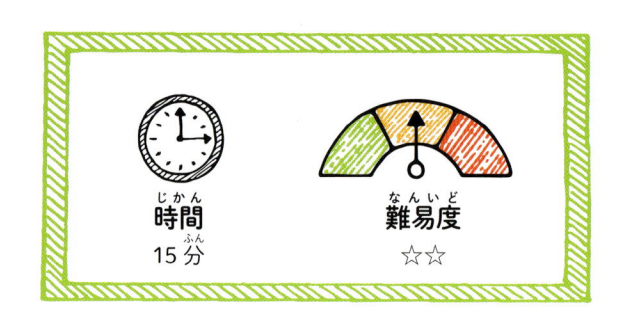

食品着色料《しょくひんちゃくしょくりょう》

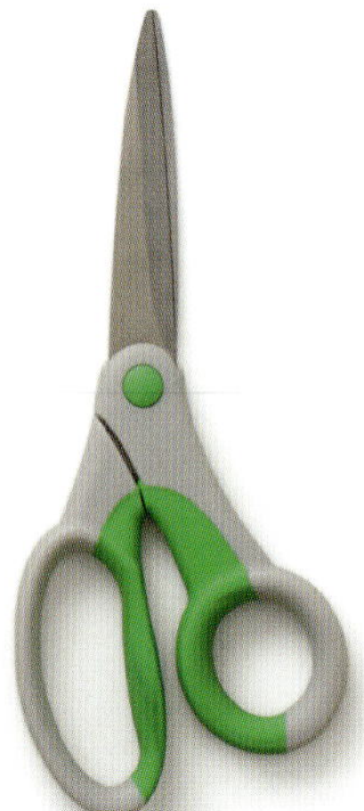
はさみ

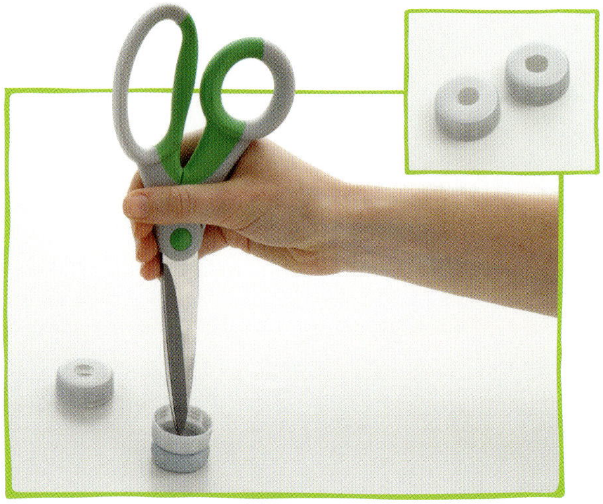

1 ペットボトルのキャップを接着《せっちゃく》パテの上《うえ》に逆《さか》さまに置《お》きます。はさみで直径《ちょっけい》1cmほどの穴《あな》をあけます。（錐《きり》を使《つか》ってもいいよ。）もう1つのキャップにも同《おな》じように穴《あな》をあけます。危《あぶ》ないから大人《おとな》の人《ひと》に手伝《てつだ》ってもらおう。

2 計量《けいりょう》カップに水《みず》を入《い》れ、食品着色料《しょくひんちゃくしょくりょう》をくわえます。大《おお》きなペットボトルを満《まん》たんにするくらいの水《みず》が必要《ひつよう》なので、この作業《さぎょう》は何度《なんど》かくり返《かえ》します。

ボトルの
てっぺん近《ちか》くまで
水《みず》を入《い》れる
水《みず》に色《いろ》をつけた方《ほう》が
渦巻《うずま》きが見《み》えやすい

3 色《いろ》をつけた水《みず》をペットボトルのてっぺん近《ちか》くまで注《そそ》ぎ入《い》れます。この作業《さぎょう》は屋外《おくがい》か台所《だいどころ》でやってね。もう1本《ぽん》のペットボトルは空《から》っぽのままです。

こちらの
ペットボトルには
空気《くうき》がたっぷり
入《はい》っている

4 ペットボトル2本《ほん》にキャップをします。水漏《みずも》れしないようきつく締《し》めてね！大人《おとな》の人《ひと》に手伝《てつだ》ってもらいましょう。

5 空気《くうき》だけが入《はい》ったボトルを、水入《みずい》りボトルの上《うえ》に逆《さか》さまにのせます。2つのキャップの穴《あな》をぴったり合《あ》わせます。

この作業《さぎょう》は
大人《おとな》の人《ひと》に
手伝《てつだ》って
もらってね

6 ボトルのキャップ部分《ぶぶん》をテープで巻《ま》きます。きつく巻《ま》いてボトルをしっかり固定《こてい》し、水《みず》が漏《も》れないようにします。

84 水《みず》の力《ちから》を実験《じっけん》しよう

7 装置《そうち》を上下逆《じょうげさか》さまにします。激《はげ》しく動《うご》かさないかぎり、空気《くうき》より重《おも》いはずの水《みず》が上《うえ》のボトルにとどまっています。

水《みず》が下《した》のボトル内《ない》の
空気《くうき》を押《お》し下《さ》げる

テープでしっかり
とめていれば漏《も》れないはず
だけど、念《ねん》のため、
実験《じっけん》は屋外《おくがい》でやってね

下《した》のボトルは
空《から》っぽに見《み》えるけど、
水《みず》を押《お》し返《かえ》す空気《くうき》が
入《はい》っている

渦巻《うずま》き装置《そうち》を動《うご》かさなくても、
水《みず》が少《すこ》しだけ下《した》のボトルに
落《お》ちるかもしれない

8 上下《じょうげ》のボトルを握《にぎ》り、グルグル回《まわ》します。ボトルを回転《かいてん》させることで水《みず》が回転《かいてん》し、渦巻《うずま》きができます。ボトルの接続部分《せつぞくぶぶん》から水《みず》がゆっくり下《した》へ落《お》ちていき、水《みず》と空気《くうき》が入《い》れかわります。

流《なが》れ落《お》ちる水《みず》はどんな
かたちをしてるかな？

キャップの穴《あな》に
ストローを刺《さ》して
テープで固定《こてい》するなど、
構造《こうぞう》を変《か》えてみると
おもしろいよ！

しばらく回転《かいてん》させると、
下《した》のボトルにたくさんの
水《みず》がたまってくる

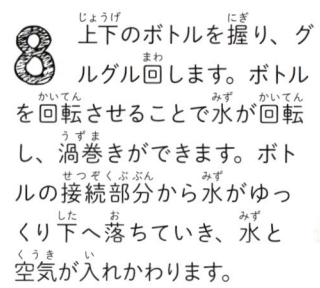

どうしてこうなるの？

最初《さいしょ》に渦巻《うずま》き装置《そうち》を上下逆《じょうげさか》さまにしても、水《みず》は下《した》のボトルに落《お》ちません。下《した》のボトルに入《はい》っている空気《くうき》より水《みず》の方《ほう》が重《おも》いのに！　これは、下《した》のボトルいっぱいに入《はい》っている空気《くうき》が、ボトル側面《そくめん》や上《うえ》の水《みず》を圧迫《あっぱく》するからです。この空気圧《くうきあつ》によって、水《みず》は上《うえ》のボトルにとどまっているのですが、ボトルを回転《かいてん》させると、上向《うわむ》きに空気《くうき》の逃《に》げ道《みち》ができるので、水《みず》が下《した》のボトルに落《お》ち始《はじ》めるのです。

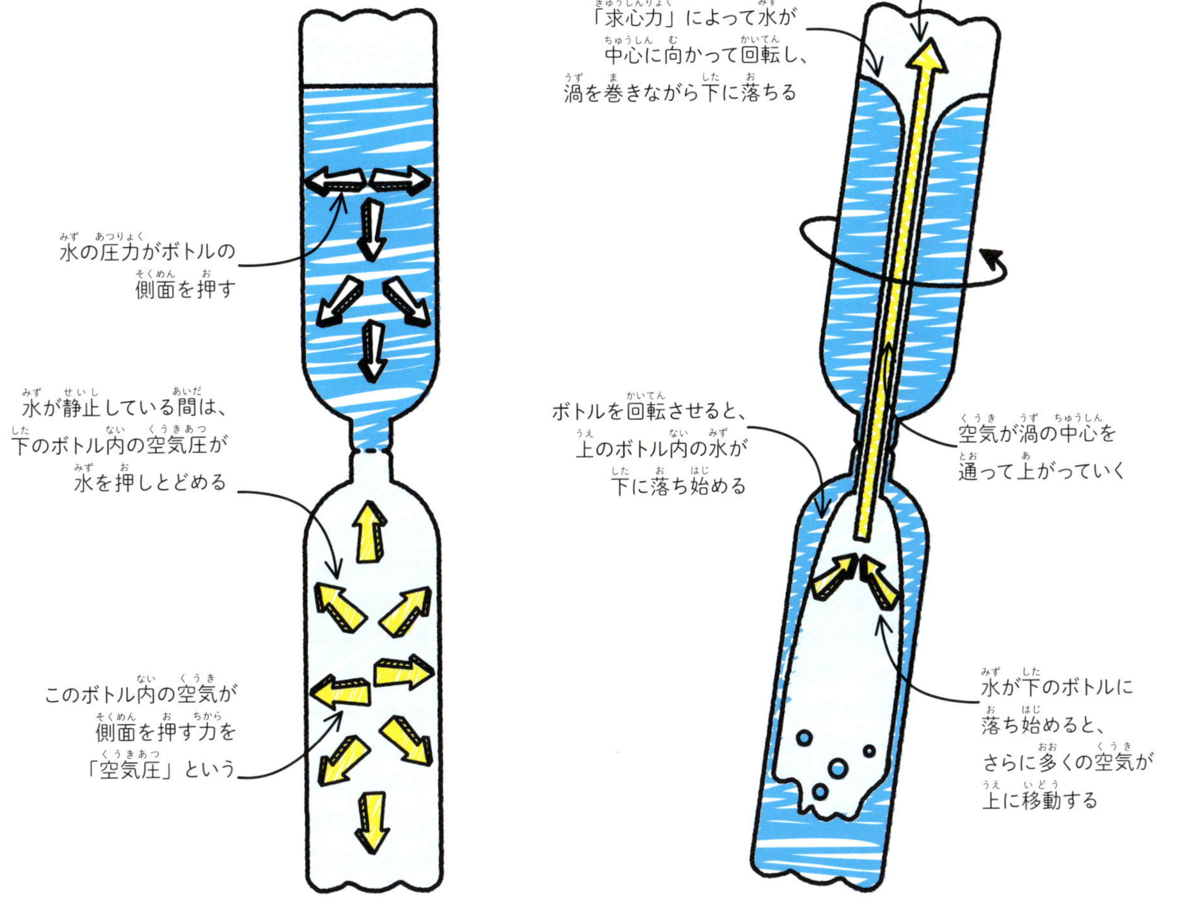
水《みず》の圧力《あつりょく》がボトルの側面《そくめん》を押《お》す
水《みず》が静止《せいし》している間《あいだ》は、下《した》のボトル内《ない》の空気圧《くうきあつ》が水《みず》を押《お》しとどめる
このボトル内《ない》の空気《くうき》が側面《そくめん》を押《お》す力《ちから》を「空気圧《くうきあつ》」という
下《した》から上《あ》がってきた空気《くうき》がボトル上部《じょうぶ》の空間《くうかん》を満《み》たす
「求心力《きゅうしんりょく》」によって水《みず》が中心《ちゅうしん》に向《む》かって回転《かいてん》し、渦《うず》を巻《ま》きながら下《した》に落《お》ちる
ボトルを回転《かいてん》させると、上《うえ》のボトル内《ない》の水《みず》が下《した》に落《お》ち始《はじ》める
空気《くうき》が渦《うず》の中心《ちゅうしん》を通《とお》って上《あ》がっていく
水《みず》が下《した》のボトルに落《お》ち始《はじ》めると、さらに多《おお》くの空気《くうき》が上《うえ》に移動《いどう》する

現実世界《げんじつせかい》では？

トルネード

この装置《そうち》で作《つく》る渦巻《うずま》きは、「トルネード」とよく似《に》ています。トルネードは危険《きけん》で恐《おそ》ろしい渦巻《うずま》き状《じょう》の風《かぜ》で、雷雲《らいうん》の下《した》の方《ほう》から広《ひろ》がり、木々《きぎ》、家屋《かおく》、車《くるま》などを吹《ふ》き飛《と》ばすほどの破壊力《はかいりょく》があります。雷雲《らいうん》から空気《くうき》が下向《したむ》きに流《なが》れ、まわりの空気《くうき》を吸《す》い込《こ》むときにトルネードが発生《はっせい》し、突風《とっぷう》とともに高速回転《こうそくかいてん》する円柱《えんちゅう》ができます。

水《みず》を入《い》れた袋《ふくろ》に
色《いろ》えんぴつを突《つ》き刺《さ》しても
水《みず》が１滴《てき》もこぼれない！

水《みず》って何《なに》？

水《みず》は「分子《ぶんし》」と呼《よ》ばれるとても小《ちい》さな粒子《りゅうし》でできています。この分子《ぶんし》はとても小《ちい》さく、たった１滴《てき》の水《みず》にものすごい数《かず》の分子《ぶんし》が含《ふく》まれています。水《みず》が液体《えきたい》のとき、分子《ぶんし》は自由《じゆう》に動《うご》き回《まわ》っているので水《みず》が流《なが》れるのです。また、水分子同士《みずぶんしどうし》はくっつく性質《せいしつ》もあり、だから水《みず》をこぼすと集《あつ》まって水滴《すいてき》のかたちになるのです。

不思議《ふしぎ》がいっぱい！
水《みず》の世界《せかい》

洗《あら》う、料理《りょうり》する、飲《の》む、花《はな》に水《みず》をやる、泳《およ》ぐ、わたしたちは毎日《まいにち》いろいろな目的《もくてき》で水《みず》を使《つか》います。川《かわ》、湖《みずうみ》、海《うみ》にも水《みず》はあふれ、雨《あめ》として降《ふ》ったりもするよね。水《みず》がどんなもので、どんなふうに作用《さよう》するかもよく知《し》っています。でも、これから紹介《しょうかい》する3つの実験《じっけん》でわかるように、水《みず》にはまだまだ驚《おどろ》かされることがあるんだ。濡《ぬ》れる恐《おそ》れがあるので、実験《じっけん》は屋外《おくがい》か台所《だいどころ》でやってね！

塩水《しおみず》が入《はい》った
色《いろ》あざやかなびんで
密度《みつど》について学《まな》ぼう

画《が》びょうを引《ひ》き抜《ぬ》くと
どうなると思《おも》う？

マジカル水《みず》バッグの作《つく》り方《かた》

手品《てじな》のような科学《かがく》の不思議《ふしぎ》をお見《み》せしよう。水《みず》をいっぱい入《い》れたフリーザーバッグに色《いろ》えんぴつをぐさっと突《つ》き刺《さ》してみて。水《みず》がまったくこぼれないでしょ！　でも、この実験《じっけん》は屋外《おくがい》でやってね。えんぴつを抜《ぬ》くときに水《みず》がこぼれるから。フリーザーバッグに水《みず》を入《い》れるのは少《すこ》し難《むずか》しいので、だれかに袋《ふくろ》を開《あ》けて持《も》ってもらおう。

時間《じかん》

15分《ふん》

難易度《なんいど》

☆

準備《じゅんび》するもの

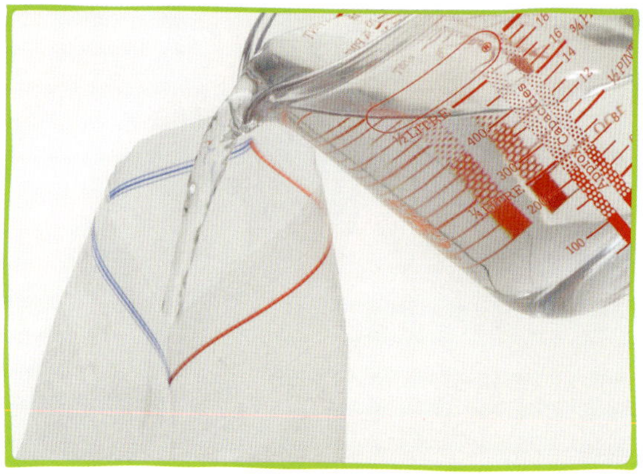

1 平《たい》らなところに袋《ふくろ》を置《お》き、袋《ふくろ》のほぼてっぺんまで水《みず》をゆっくり注《そそ》ぎ入《い》れます。やりにくかったら、だれかに袋《ふくろ》を開《あ》けて持《も》ってもらおう。

2 袋《ふくろ》のジッパーをしっかり閉《し》めます。水《みず》がこぼれないようにね！

色《いろ》えんぴつはとがらせておく

3 袋《ふくろ》の上《うえ》の方《ほう》を片方《かたほう》の手《て》で持《も》ち、先《さき》をとがらせたえんぴつを袋《ふくろ》に一気《いっき》に突《つ》き刺《さ》します。

水分子《みずぶんし》には
お互《たが》いに引《ひ》き寄《よ》せあう
「凝集力《ぎょうしゅうりょく》」がある

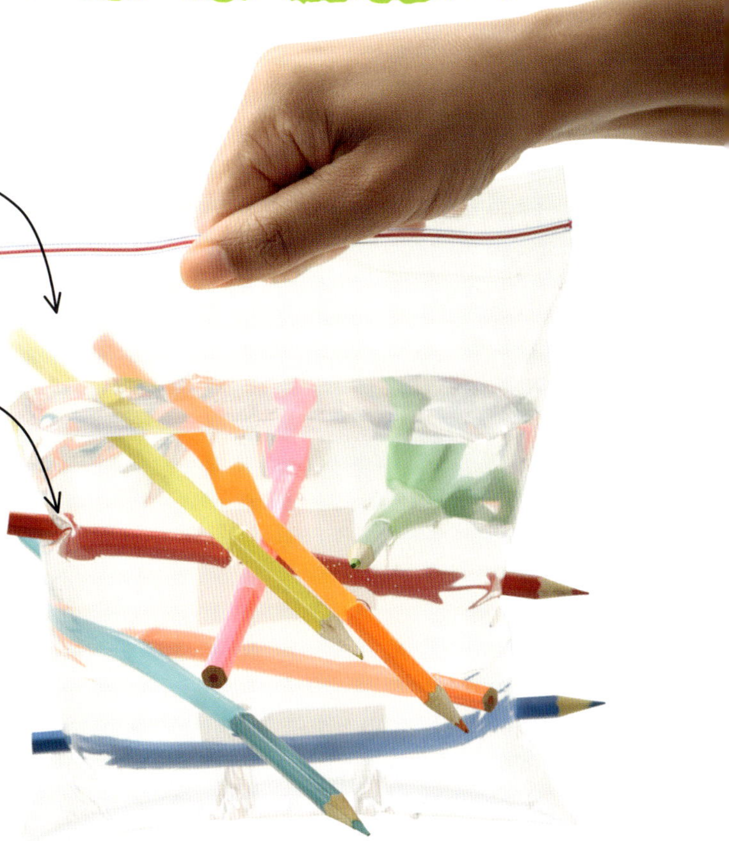
実験《じっけん》が終《お》わったら、
袋《ふくろ》はリサイクルに出《だ》す
水《みず》がまったく
こぼれない！

4 ほかの色《いろ》えんぴつも１本《ぽん》ずつ袋《ふくろ》に突《つ》き刺《さ》します。水《みず》はまったくこぼれないよね？でも、えんぴつを引《ひ》き抜《ぬ》くときは屋外《おくがい》か台所《だいどころ》でやってね。

どうしてこうなるの？

フリーザーバッグはポリエチレンという丈夫《じょうぶ》でやわらかい素材《そざい》でできています。えんぴつで袋《ふくろ》に穴《あな》をあけると、ポリエチレンがえんぴつのまわりをぎゅっと包《つつ》み込《こ》みます。小《ちい》さなすき間《ま》もできるけど、水分子《みずぶんし》はお互《たが》いにくっつく性質《せいしつ》があるので、穴《あな》が小《ちい》さければ水分子《みずぶんし》がくっつく力《ちから》の方《ほう》が強《つよ》く、水《みず》は漏《も》れないのです。穴《あな》をもっと大《おお》きくし、水分子《みずぶんし》が耐《た》えられないほど大《おお》きな圧力《あつりょく》が袋《ふくろ》の内側《うちがわ》からかかると、水《みず》は漏《も》れてしまいます。

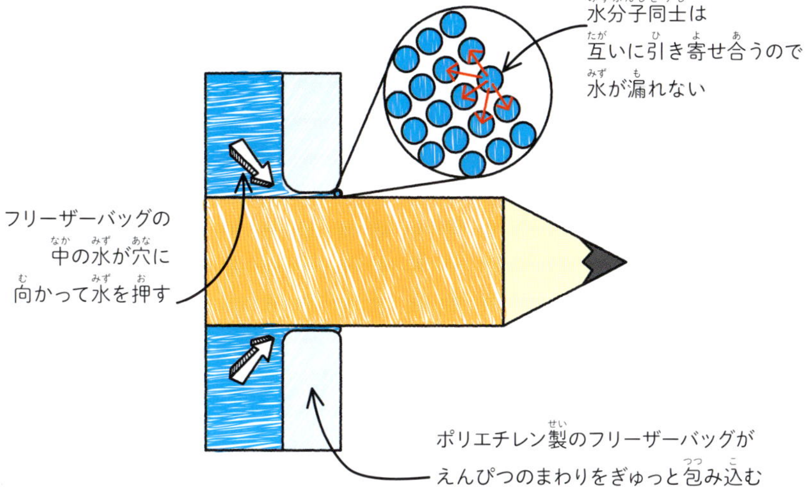
水分子同士《みずぶんしどうし》は
互《たが》いに引《ひ》き寄《よ》せ合《あ》うので
水《みず》が漏《も》れない
フリーザーバッグの
中《なか》の水《みず》が穴《あな》に
向《む》かって水《みず》を押《お》す
ポリエチレン製《せい》のフリーザーバッグが
えんぴつのまわりをぎゅっと包《つつ》み込《こ》む

現実世界《げんじつせかい》では？

水滴《すいてき》

水分子《みずぶんし》は互《たが》いに引《ひ》き寄《よ》せ合《あ》うので、水《みず》は可能《かのう》なかぎり丸《まる》い滴《しずく》を形《かたち》づくります。国際《こくさい》宇宙《うちゅう》ステーションのように強《つよ》い重力《じゅうりょく》がかからないところでは、水滴《すいてき》はきれいな球形《きゅうけい》で空中《くうちゅう》に浮《う》かんでいます。

塩水《しおみず》びんの作《つく》り方《かた》

時間《じかん》
15分《ふん》

難易度《なんいど》
☆

この実験《じっけん》では、水《みず》の中《なか》に溶《と》け切《き》らなくなるまで塩《しお》をくわえます。塩《しお》をくわえることで溶液《ようえき》の密度《みつど》が高《たか》くなります。同《おな》じ体積《たいせき》（液体《えきたい》が占《し》める空間《くうかん》）の中《なか》に、より多《おお》くの質量《しつりょう》（物質《ぶっしつ》）が詰《つ》め込《こ》まれるからです。塩水《しおみず》とふつうの水《みず》を2つの方法《ほうほう》で混《ま》ぜると、驚《おどろ》くべき結果《けっか》が待《ま》っている！

準備《じゅんび》するもの

プラスチックカップ
2杯《はい》の水《みず》
食品着色料《しょくひんちゃくしょくりょう》（赤《あか》）
食品着色料《しょくひんちゃくしょくりょう》（青《あお》）
塩《しお》1/2カップ
スプーン
ガラスびん
2個《こ》

1 水《みず》が入《はい》ったプラスチックカップの1つに青《あお》の食品着色料《しょくひんちゃくしょくりょう》をくわえます。スプーンでかき混《ま》ぜ、水《みず》を青《あお》くします。

2 水《みず》が入《はい》ったもう1つのプラスチックカップに赤《あか》の食品《しょくひん》着色料《ちゃくしょくりょう》をくわえ、スプーンでかき混《ま》ぜます。

溶《と》け切らなくなるまで塩《しお》をくわえる

3 手順《てじゅん》2の赤《あか》い水《みず》に塩《しお》をくわえ、よくかき混《ま》ぜて溶《と》かします。溶《と》け切《き》らなくなるまでたくさん入《い》れます。

4 2つのガラスびんにそれぞれ、青《あお》い水《みず》（手順《てじゅん》1）と赤《あか》い溶液《ようえき》（手順《てじゅん》3）の半分《はんぶん》の量《りょう》を入《い》れます。

5 つぎに、青《あお》い水《みず》を入《い》れたガラスびんに、赤《あか》い溶液《ようえき》の残《のこ》りを注《そそ》ぎ入《い》れます。色《いろ》が混《ま》ざらないよう、スプーンの背《せ》を使《つか》ってゆっくりとね。

6 赤《あか》い溶液《ようえき》を入《い》れたガラスびんに、青《あお》い水《みず》の残《のこ》りをスプーンの背《せ》を使《つか》ってゆっくり注《そそ》ぎ入《い》れます。

7 2つのガラスびんをしばらくおきます。片方《かたほう》のびんは2つの色《いろ》が混《ま》ざり合《あ》うけど、もう片方《かたほう》のびんは2つの色《いろ》が分離《ぶんり》したままだよね。

どうしてこうなるの？

赤《あか》い水《みず》に塩《しお》をくわえると、体積《たいせき》はほとんど変《か》わらないけど質量《しつりょう》はぐんと増《ふ》えます。だから、塩《しお》が入《はい》っていない青《あお》い水《みず》より密度《みつど》が高《たか》くなります。青《あお》い水《みず》の上《うえ》に、より密度《みつど》が高《たか》い赤《あか》い溶液《ようえき》を注《そそ》ぐと、青《あお》い水《みず》を通過《つうか》して沈《しず》み、2つの色《いろ》が混《ま》ざり合《あ》います。逆《ぎゃく》に赤《あか》い溶液《ようえき》の上《うえ》から青《あお》い水《みず》を注《そそ》ぐと、青《あお》い水《みず》は密度《みつど》の高《たか》い赤《あか》い溶液《ようえき》の上《うえ》に浮《う》かんだままで、2つの色《いろ》は混《ま》ざりません。

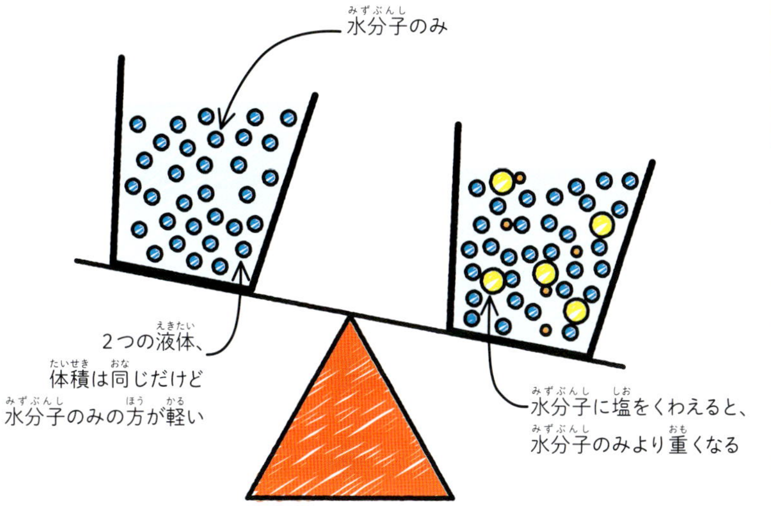
水分子《みずぶんし》のみ
2つの液体《えきたい》、体積《たいせき》は同《おな》じだけど水分子《みずぶんし》のみの方《ほう》が軽《かる》い
水分子《みずぶんし》に塩《しお》をくわえると、水分子《みずぶんし》のみより重《おも》くなる

現実世界《げんじつせかい》では？

海底《かいてい》の 湖《みずうみ》

塩分濃度《えんぶんのうど》がとても高《たか》い湖《みずうみ》に浮《う》かぶダイバーです。この湖《みずうみ》、実《じつ》は海《うみ》の中《なか》にあるのです！　今回《こんかい》の実験《じっけん》で、塩水《しおみず》は真水《まみず》よりも密度《みつど》が高《たか》いことを学《まな》びました。海水《かいすい》も塩分《えんぶん》を含《ふく》みますが、さらに塩分濃度《えんぶんのうど》が高《たか》い水《みず》が存在《そんざい》すると海水《かいすい》と混《ま》ざり合《あ》わず、海底《かいてい》に沈《しず》みます。これを「塩水溜《しおみずだ》まり」といいます。

画《が》びょうボトルの作《つく》り方《かた》

つぎに、水《みず》が重力《じゅうりょく》に逆《さか》らう仕組《しく》みを学《まな》ぼう！　満《まん》たんまで水《みず》を入《い》れたペットボトルに画《が》びょうで穴《あな》をあけても、キャップをしっかり閉《し》めているかぎり、水《みず》はこぼれないんだ。簡単《かんたん》だけど驚《おどろ》きいっぱいのこの実験《じっけん》で、水圧《すいあつ》と空気圧《くうきあつ》についてくわしくなれるよ。実験《じっけん》が終《お》わったら、ペットボトルはリサイクルに出《だ》してね。

時間《じかん》
15分《ふん》

難易度《なんいど》
☆

準備《じゅんび》するもの

満《まん》たんまで水《みず》が入《はい》ったペットボトル

画《が》びょう
（押《お》しピン）

1 満《まん》たんまで水《みず》が入《はい》ったペットボトルに画《が》びょうを刺《さ》します。画《が》びょうは刺《さ》したままで抜《ぬ》かないでね。

画《が》びょうが穴《あな》をふさぐので
水《みず》がこぼれない

2 画《が》びょうを次々《つぎつぎ》と刺《さ》します。斜《なな》めではなく、まっすぐ直角《ちょっかく》に刺《さ》してね。写真《しゃしん》ではボトルの底《そこ》の近《ちか》くに横《よこ》一列《いちれつ》で刺《さ》していますが、刺《さ》す位置《いち》はどこでもかまいません。

水《みず》は漏《も》れるかな？

3 つぎはちょっと難《むずか》しいよ。画《が》びょうを1本《ぽん》ずつ、そっと引《ひ》き抜《ぬ》きます。斜《なな》めに傾《かたむ》かないようまっすぐ抜《ぬ》き、針《はり》であいた穴《あな》が小《ちい》さな円形《えんけい》になるようにしてね。

ちょっと水《みず》が
こぼれるかもしれないけど、
こぼれた水《みず》に代《か》わって
小《ちい》さな気泡《きほう》が入《はい》り込《こ》む

4 画《が》びょうを全部《ぜんぶ》抜《ぬ》いたら何《なに》が起《お》こるかしばらく観察《かんさつ》します。ボトルに穴《あな》があいてるのに、水《みず》はほとんどこぼれないよね？

気圧《きあつ》のおかげで
水《みず》が漏《も》れない

5 ここからは汚《よご》れやすいので台所《だいどころ》か屋外《おくがい》でやりましょう。ペットボトルのキャップを外《はず》します。すると、穴《あな》から水《みず》が吹《ふ》き出《だ》すよ！

穴《あな》を縦一列《たていちれつ》に
あけるとどうなるかな？
上部《じょうぶ》の水《みず》に押《お》され、
水《みず》が流《なが》れ出《だ》す

どうしてこうなるの？

ボトルの底《そこ》、穴《あな》の内側《うちがわ》あたりの水《みず》には2つの力《ちから》が作用《さよう》しています。1つは、ボトル外側《そとがわ》の空気《くうき》が押《お》す力《ちから》「気圧《きあつ》」。もう1つは、ボトル上部《じょうぶ》の水《みず》が押《お》す力《ちから》。これが下部《かぶ》の水《みず》を押《お》して、画《が》びょうの穴《あな》から水《みず》を外《そと》に出《だ》そうとするのです。でも、気圧《きあつ》の方《ほう》が大《おお》きいので、キャップを外《はず》さないかぎり、穴《あな》から水《みず》が吹《ふ》き出《で》ることはありません。キャップを外《はず》すとボトルの中《なか》に空気《くうき》が入《はい》り込《こ》み、その空気《くうき》が水《みず》を上《うえ》から押《お》す「大気圧《たいきあつ》」という力《ちから》がかかるため、穴《あな》から水《みず》が漏《も》れ出《で》るのです。

キャップをつけた状態《じょうたい》

この向《む》きで
水圧《すいあつ》がかかる
気圧《きあつ》が水《みず》を
押《お》し返《かえ》す

キャップを外《はず》した状態《じょうたい》

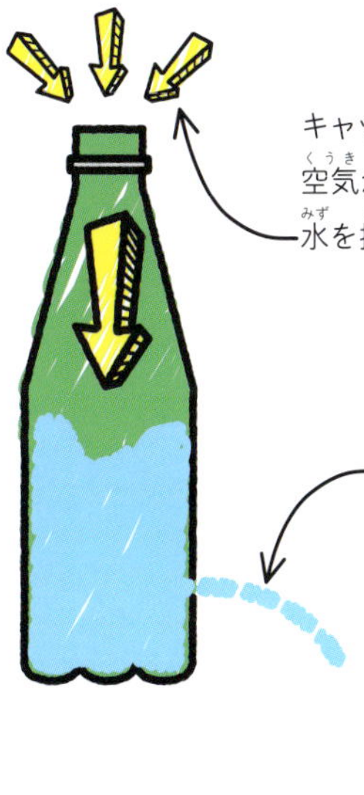
キャップを外《はず》すと
空気《くうき》がボトルに入《はい》り込《こ》み、
水《みず》を押《お》し下《さ》げる
穴《あな》から水《みず》がこぼれるから
屋外《おくがい》でやってね！

手作《てづく》りアイスクリーム

じりじり暑《あつ》い夏《なつ》の日《ひ》に食《た》べる山盛《やまも》りのアイスクリームは最高《さいこう》のおやつだよね！　でもね、自分《じぶん》だけのアイスクリームを手作《てづく》りできたらもっと楽《たの》しいよ。必要《ひつよう》なのはちょっとした技《わざ》と、簡単《かんたん》にそろえられる材料《ざいりょう》（牛乳《ぎゅうにゅう》、クリーム、砂糖《さとう》）、そして材料《ざいりょう》をしっかり混《ま》ぜ合《あ》わせるパワーだけ。チョコチップやいちごを足《た》してお気《き》に入《い》りの味《あじ》にしてみたり、トッピングで飾《かざ》りつけてもきれいだね！

トッピングをのせて、
つぶつぶ食感《しょっかん》を
楽《たの》しもう！
いちごを小《ちい》さく
切《き》ってくわえると、
色《いろ》がまだらになる

おいしいおやつ

アイスクリームを作《つく》るには、牛乳《ぎゅうにゅう》とクリームを混《ま》ぜて氷点下《ひょうてんか》まで冷《ひ》やします。温度《おんど》が下《さ》がると、牛乳《ぎゅうにゅう》とクリームに含《ふく》まれる水分《すいぶん》が小《ちい》さな氷《こおり》の結晶《けっしょう》になり、アイスクリームのあのなめらかな食感《しょっかん》を作《つく》り出《だ》すのです。

手《て》作《づく》りアイスクリームの作《つく》り方《かた》

このおいしい実験《じっけん》、簡単《かんたん》だけど散《ち》らかりやすいので、なるべく屋外《おくがい》でやりましょう。まず材料《ざいりょう》を触《さわ》る前《まえ》に手《て》をきれいに洗《あら》ってね。それとフリーザーバッグを振《ふ》る前《まえ》には、アイスクリームや氷《こおり》がこぼれないようチャックがしっかり閉《し》まっているか確認《かくにん》するのを忘《わす》れずに！

時間《じかん》	難易度《なんいど》
40分《ぷん》	☆☆

準備《じゅんび》するもの

ふきんなどの布《ぬの》2枚《まい》
バニラエッセンス少量《しょうりょう》
砂糖《さとう》50g
生《なま》クリーム180ml
牛乳《ぎゅうにゅう》180ml
塩《しお》150g
フリーザーバッグ（大《だい》）1枚《まい》
フリーザーバッグ
（小《しょう》）2枚《まい》
ビニール袋《ぶくろ》
ボウル（大《だい》）にいっぱいの氷《こおり》

1 フリーザーバッグ（小《しょう》）1枚《まい》の口《くち》を開《ひら》き、生《なま》クリームを注《そそ》ぎます。生《なま》クリームは、水《みず》に乳脂肪《にゅうしぼう》が混《ま》ざったものです。

2 牛乳《ぎゅうにゅう》をくわえます。牛乳《ぎゅうにゅう》もほとんどは水分《すいぶん》ですが、ほんの少《すこ》し乳脂肪《にゅうしぼう》が入《はい》っています。

3 アイスクリームを甘《あま》くするため、砂糖《さとう》を入《い》れます。砂糖《さとう》をくわえることで、混《ま》ぜ物《もの》の中《なか》の氷《こおり》の結晶《けっしょう》が大《おお》きくなりすぎるのも防《ふせ》ぎます。

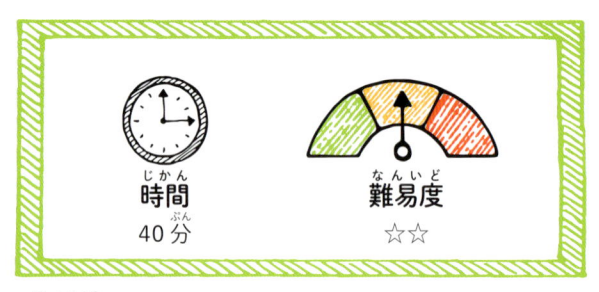

口《くち》を半分《はんぶん》ほど
閉《し》めたところで、
すき間《ま》から
空気《くうき》を押《お》し出《だ》す

2 枚《まい》の袋《ふくろ》の口《くち》を
しっかり閉《し》める。
必要《ひつよう》ならテープで
とめてね！

4 最後《さいご》に、バニラエッセンスをくわえます。まだ袋《ふくろ》の中身《なかみ》は混《ま》ぜません。袋《ふくろ》の中《なか》の空気《くうき》を絞《しぼ》り出《だ》したら、口《くち》をしっかり閉《し》めます。

5 手順《てじゅん》4 で準備《じゅんび》した袋《ふくろ》を、もう 1 枚《まい》のフリーザーバッグ（小《しょう》）に入《い》れます。袋《ふくろ》を二重《にじゅう》にすることで、つぎに使用《しよう》する氷《こおり》と塩《しお》がアイスクリームに混《ま》ざるのを防《ふせ》ぎます。

フリーザーバッグ（大《だい》）に
氷《こおり》を移《うつ》す

6 フリーザーバッグ（大《だい》）に氷《こおり》をたくさん入《い》れ、アイスクリームの袋《ふくろ》（手順《てじゅん》5）もその中《なか》に入《い》れます。氷《こおり》が牛乳《ぎゅうにゅう》とクリームの熱《ねつ》を奪《うば》い始《はじ》めますが、これだけではまだアイスクリームは固《かた》まりません。

7 アイスクリームを氷《こおり》の中《なか》に入《い》れたら、氷《こおり》に塩《しお》をくわえて袋《ふくろ》を閉《と》じます。塩《しお》をくわえることで、氷《こおり》がさらに牛乳《ぎゅうにゅう》とクリームの熱《ねつ》を奪《うば》います。氷《こおり》の温度《おんど》はマイナス 21 度《ど》まで下《さ》がるので、直接触《ちょくせつさわ》らないでね。

氷《こおり》の上《うえ》から塩《しお》を入《い》れる

中《なか》では、氷《こおり》と塩《しお》が
牛乳《ぎゅうにゅう》とクリームの
熱《ねつ》を奪《うば》い始《はじ》めている

8 フリーザーバッグ（手順《てじゅん》7）を布《ぬの》2枚《まい》で包《つつ》みます。このあと、アイスクリームを振《ふ》ったりもんだりするときに手《て》が冷《ひ》えすぎないようにするためだよ。

分厚《ぶあつ》い袋《ふくろ》が
オススメ！

9 布《ぬの》で包《つつ》んだものをビニール袋《ぶくろ》に入《い》れます。氷《こおり》の入《はい》ったフリーザーバッグはしっかり布《ぬの》で包《つつ》まれていますか？

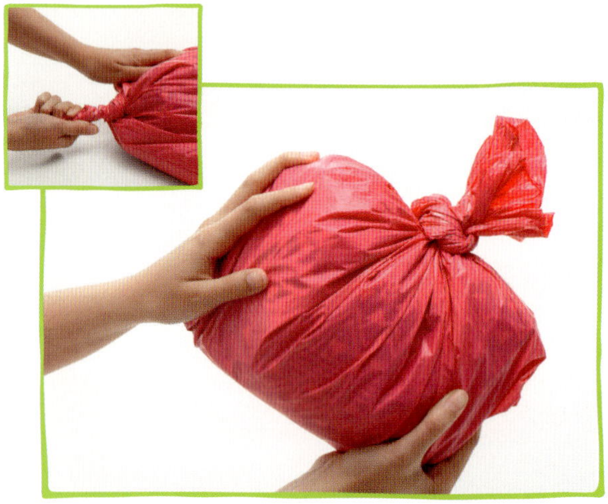

10 袋《ふくろ》の口《くち》を結《むす》んだら、15分間《ふんかん》ほど袋《ふくろ》を振《ふ》る・もむ・振《ふ》り回《まわ》す、の動《うご》きを続《つづ》けます。動《うご》かしながら中身《なかみ》を冷《ひ》やしていきます。そうしないと、牛乳《ぎゅうにゅう》とクリームに含《ふく》まれる氷《こおり》の結晶《けっしょう》が大《おお》きくなりすぎて、アイスクリームのなめらかさやクリーミーさが失《うしな》われるからね。

アイスクリームは
固体《こたい》、液体《えきたい》、気体《きたい》
が混《ま》ざったもの

11 手《て》を洗《あら》ったら、袋《ふくろ》の口《くち》をほどき、布《ぬの》を取《と》り外《はず》します。フリーザーバッグ（大《だい》）の口《くち》をそっと開《あ》けましょう。溶《と》けた氷《こおり》がこぼれないよう気《き》をつけてね。フリーザーバッグ（小《しょう》）を取《と》り出《だ》して開《ひら》けば、手作《てづく》りアイスクリームのできあがり！

アイスクリームが
やわらかすぎたら、
元《もと》に戻《もど》し、
さらに数分《すうふん》振《ふ》りましょう

こんなアレンジも!

この実験《じっけん》ではお友《とも》だち３人《にん》と分《わ》け合《あ》えるくらいのバニラアイスクリームが作《つく》れます。もっとたくさん作《つく》りたいときは、材料《ざいりょう》を２倍《ばい》にして、フリーザーバッグもさらに大《おお》きなものを使《つか》ってね。味《あじ》の種類《しゅるい》を増《ふ》やしたり、アイスクリームの味《あじ》をさらにおいしくするには、凍《こお》らせる前《まえ》に果物《くだもの》を小《ちい》さく切《き》ったものやチョコチップをくわえよう。アイスクリームができたら、ワッフルやコーンを添《そ》えて盛《も》りつけてみて!

どうしてこうなるの？

物質《ぶっしつ》には固体《こたい》・液体《えきたい》・気体《きたい》と３つの状態《じょうたい》があります。アイスクリームの温度《おんど》は氷点下《ひょうてんか》だけど固体《こたい》ではないんだ。「コロイド」という状態《じょうたい》で、ある物質《ぶっしつ》がほかの物質《ぶっしつ》に均一《きんいつ》に混《ま》ざったものです。アイスクリームの場合《ばあい》は、氷《こおり》の結晶《けっしょう》（固体《こたい》）、脂肪《しぼう》（液体《えきたい》）、小《ちい》さな気泡《きほう》（気体《きたい》）でできています。振《ふ》り回《まわ》しながら冷《ひ》やすことで氷《こおり》の結晶《けっしょう》が大《おお》きくなりすぎず、アイスクリームのなめらかさとクリーミーさが生《う》まれるのです。

アイスクリームを振《ふ》り回《まわ》した場合《ばあい》

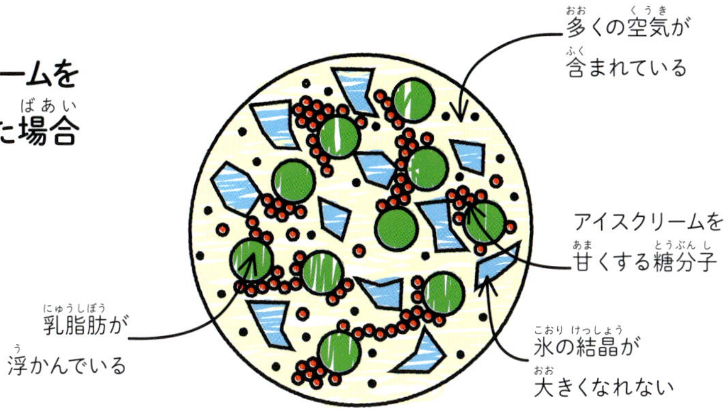
多《おお》くの空気《くうき》が含《ふく》まれている
アイスクリームを甘《あま》くする糖分子《とうぶんし》
乳脂肪《にゅうしぼう》が浮《う》かんでいる
氷《こおり》の結晶《けっしょう》が大《おお》きくなれない

アイスクリームを振《ふ》り回《まわ》さない場合《ばあい》

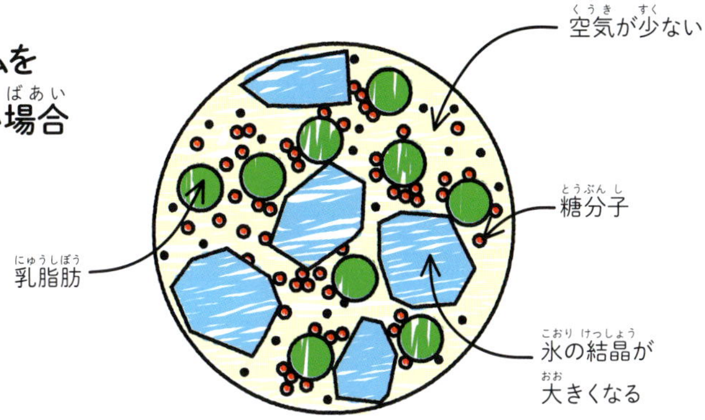
空気《くうき》が少《すく》ない
糖分子《とうぶんし》
乳脂肪《にゅうしぼう》
氷《こおり》の結晶《けっしょう》が大《おお》きくなる

いろんなコロイド

わたしたちは毎日《まいにち》、さまざまな種類《しゅるい》のコロイドに触《ふ》れています。ホイップクリームは「泡《あわ》」と呼《よ》ばれるコロイドで、液体《えきたい》の中《なか》に小《ちい》さな気泡《きほう》が混《ま》ざったものです。マヨネーズは「乳濁液《にゅうだくえき》（エマルション）」というコロイドで、水《みず》に油《あぶら》の滴《しずく》が混《ま》ざったものです。霧雨《きりさめ》や濃霧《のうむ》は空気中《くうきちゅう》に水滴《すいてき》が浮《う》いたもので、「エアゾール」というコロイドです。

マーブル模様《もよう》の小石《こいし》

水《みず》を張《は》ったボウルにきれいな色《いろ》のマニキュア液《えき》をぽちゃんと垂《た》らし、小石《こいし》を浸《ひた》すだけで、ビー玉《だま》のようなマーブル模様《もよう》が描《えが》かれます。お友《とも》だちへのプレゼントにしてもおもしろいし、庭《にわ》に飾《かざ》ってもきれいだよ。マニキュア液《えき》は水《みず》と混《ま》ざらず(「不溶解性《ふようかいせい》」という)、カラフルな膜《まく》となって水面《すいめん》に浮《う》くから、こんなふうになるんだ。さあ、小石《こいし》を浸《つ》ける準備《じゅんび》を始《はじ》めよう!

マニキュア液《えき》の中《なか》に
小石《こいし》を浸《つ》けるだけで、
こんなあざやかな
模様《もよう》がつくよ！

カラフルな顔料《がんりょう》

マニキュア液《えき》の中《なか》には小《ちい》さな滴《しずく》や固体《こたい》の微粒子《びりゅうし》が浮《う》かんでいます。その粒子《りゅうし》はとても小《ちい》さく、液体《えきたい》と混《ま》ざり合《あ》っているので沈《しず》みにくいのです。このような液体《えきたい》を「懸濁液《けんだくえき》」といいます。浮《う》かんでいるのは顔料《がんりょう》の小《ちい》さな粒子《りゅうし》で、これがマニキュアに色《いろ》をつけるのです。

マーブル模様《もよう》の小石《こいし》の作《つく》り方《かた》

マニキュア液《えき》はにおいがとても強《つよ》いので、吸《す》い込《こ》みすぎると体《からだ》に良《よ》くありません。だから、この実験《じっけん》は風通《かぜとお》しのよい部屋《へや》か、晴《は》れた日《ひ》に屋外《おくがい》でやってね。また、マニキュアのボトルが倒《たお》れてしまったときのため、紙《かみ》を敷《し》いて作業《さぎょう》するといいね。マニキュア液《えき》をこぼしてしまったら、大人《おとな》の人《ひと》にお願《ねが》いしてふいてもらいましょう。

時間《じかん》
20分《ぷん》

難易度《なんいど》
☆☆

準備《じゅんび》するもの

水《みず》を張《は》ったボウル
(使《つか》い古《ふる》しので十分《じゅうぶん》!)

接着《せっちゃく》パテ

つまようじ

いろんな色《いろ》のマニキュア
(ジェルネイル用《よう》の液《えき》は使《つか》えません)

小石《こいし》
(きれいに洗《あら》って乾《かわ》かしておこう)

1 まずはじめに、接着《せっちゃく》パテを小石《こいし》の片面《かためん》に押《お》しつけます。手《て》にマニキュアがつかないよう、これを持《も》ち手《て》にします。

保護手袋《ほごてぶくろ》
(ビニール製《せい》のもの)を
つけた方《ほう》が
いいかも!

2 いろんな色《いろ》のマニキュア液《えき》を少《すこ》しずつ水面《すいめん》に垂《た》らします。マニキュア液《えき》がボウルの真《ま》ん中《なか》に集《あつ》まるようにしてね。

使《つか》い終《お》わった
つまようじは捨《す》てる

3 つまようじの先《さき》でそっと渦《うず》を巻《ま》くように混《ま》ぜ、好《す》きな模様《もよう》を作《つく》ります。マニキュア液《えき》は乾《かわ》きやすいので、すばやくやろうね!

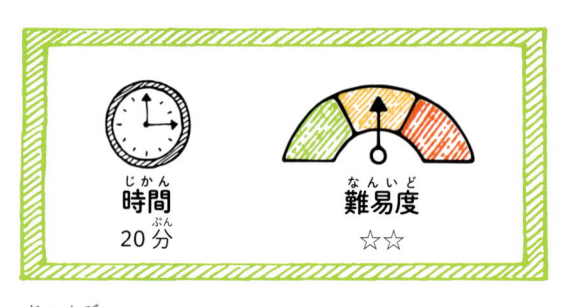

4 小石《こいし》につけた持《も》ち手《て》をつまみ、水中《すいちゅう》のマニキュア液《えき》に浸《ひた》します。マニキュア液《えき》に直接《ちょくせつ》触《ふ》れないように！

5 1～2秒《びょう》したら小石《こいし》をそっと持《も》ち上《あ》げ、水《みず》の外《そと》で2～3秒《びょう》そのまま待《ま》ち、水《みず》を切《き》ります。

マニキュア液《えき》の膜《まく》が
小石《こいし》にくっつき、
水《みず》が切《き》れる

6 小石《こいし》をひっくり返《かえ》し、接着《せっちゃく》パテ側《がわ》を下《した》にして置《お》き、乾《かわ》かします。ほかの小石《こいし》にも模様《もよう》をつけてみよう！

どうしてこうなるの？

マニキュア液《えき》は水《みず》より密度《みつど》が低《ひく》いので水《みず》に浮《う》くのですが、水《みず》には溶《と》けない性質《せいしつ》なので、2つの物質《ぶっしつ》は混《ま》ざりません。マニキュア液《えき》の主《おも》な原料《げんりょう》は3つ：着色顔料《ちゃくしょくがんりょう》（マニキュアに色《いろ》をつける）、膜形成成分《まくけいせいせいぶん》（強《つよ》い保護膜《ほごまく》を作《つく》る）、溶剤《ようざい》（ほかの原料《げんりょう》を溶《と》かす液体《えきたい》）。溶剤《ようざい》は蒸発《じょうはつ》しやすいので、塗《ぬ》った瞬間《しゅんかん》は強《つよ》いにおいがするけど、すぐに乾《かわ》きます。

小石《こいし》の断面図《だんめんず》

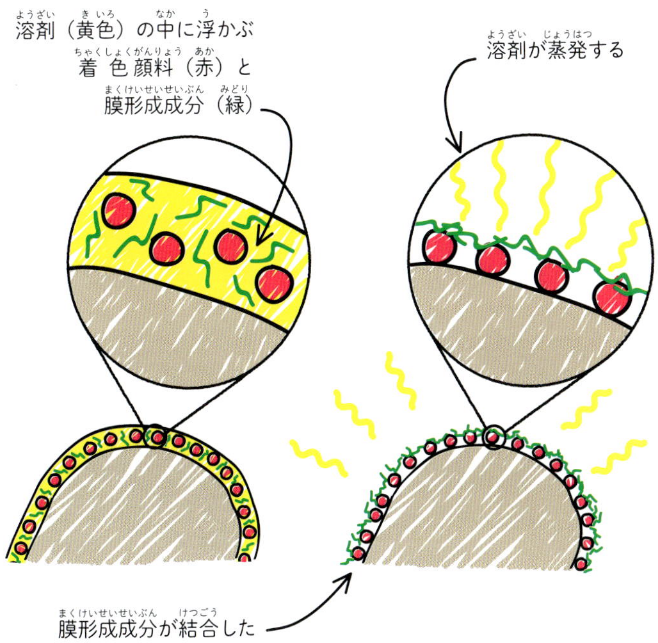
溶剤《ようざい》（黄色《きいろ》）の中《なか》に浮《う》かぶ
着色顔料《ちゃくしょくがんりょう》（赤《あか》）と
膜形成成分《まくけいせいせいぶん》（緑《みどり》）
溶剤《ようざい》が蒸発《じょうはつ》する
膜形成成分《まくけいせいせいぶん》が結合《けつごう》した

現実世界《げんじつせかい》では？

石油流出事故《せきゆりゅうしゅつじこ》

石油《せきゆ》やプラスチックの原材料《げんざいりょう》である原油《げんゆ》は、水《みず》と混《ま》ざりません。原油《げんゆ》を運搬《うんぱん》している大型船《おおがたせん》から流《なが》れ出《で》てしまったら、原油《げんゆ》は海面《かいめん》に浮《う》かびます。そして、海鳥《うみどり》の羽根《はね》にくっついてしまったり、これを飲《の》み込《こ》もうと水面《すいめん》に上《あ》がってきたウミガメやクジラが死《し》んでしまう恐《おそ》れもあります。

4

空《そら》と大地《だいち》で実験《じっけん》しよう

外《そと》の世界《せかい》ってワクワクするよね！　この章《しょう》では、ヘリコプターや凧《たこ》、ロケットを作《つく》って空《そら》を目指《めざ》し、空気《くうき》の力《ちから》を発見《はっけん》していくよ。地球《ちきゅう》という惑星《わくせい》についてもっと深《ふか》く知《し》るために、太陽《たいよう》の位置《いち》からおおよその時間《じかん》がわかる日時計《ひどけい》や、方角《ほうがく》がわかるコンパス（方位磁石《ほういじしゃく》）の作《つく》り方《かた》も紹介《しょうかい》するね。ふつうなら何千年《なんぜんねん》ものときを経《へ》て作《つく》られる美《うつく》しい鉱物結晶《こうぶつけっしょう》「ジオード（晶洞《しょうどう》）」も作《つく》っちゃおう！

くるくるヘリコプター

ヘリコプターは、とてもすぐれた乗《の》り物《もの》だよね。停止《ていし》した状態《じょうたい》から、滑走路《かっそうろ》も使《つか》わずに飛《と》び立《た》ち、自由自在《じゆうじざい》に飛《と》び回《まわ》ることができるんだから。ストローと画用紙《がようし》でヘリコプターの基本模型《きほんもけい》を作《つく》り、ヘリコプターのローターブレード（回転翼《かいてんよく》）が生《う》み出《だ》す力《ちから》を学《まな》ぼう。

ブレードを少《すこ》しねじるので、
高速回転《こうそくかいてん》しながら
斜《なな》めに空気《くうき》があたる
移動《いどう》しながら
ブレードが空気《くうき》を
押《お》し下《さ》げる

回転《かいてん》する翼《つばさ》

ヘリコプターのブレード（翼《つばさ》）は飛行《ひこう》機《き》の翼《つばさ》とちょっと似《に》ていて、空中《くうちゅう》を飛《と》びながら、「揚力《ようりょく》」という上向《うわむ》きにはたらく力《ちから》を生《う》み出《だ》します。飛行機《ひこうき》の翼《つばさ》は前進《ぜんしん》することで揚力《ようりょく》を生《う》み出《だ》すけど、急速《きゅうそく》に回転《かいてん》するヘリコプターのブレードは、同《おな》じ地点《ちてん》に静止《せいし》したまま揚力《ようりょく》を生《う》み出《だ》せるのです。

くるくるヘリコプターの作《つく》り方《かた》

きちんと手順《てじゅん》どおりに進《すす》めてね。何度《なんど》かテスト飛行《ひこう》させながら、微調整《びちょうせい》していくといいよ。飛《と》び方《かた》を変《か》えるには、ブレードの端《はし》を切《き》り取《と》ったり、ストローを少《すこ》し長《なが》くしたりしてみて。ブレードの画用紙《がようし》の重《おも》さを変《か》えてみたら、どうなるかな？

時間《じかん》
20分《ぷん》

難易度《なんいど》
☆☆

準備《じゅんび》するもの

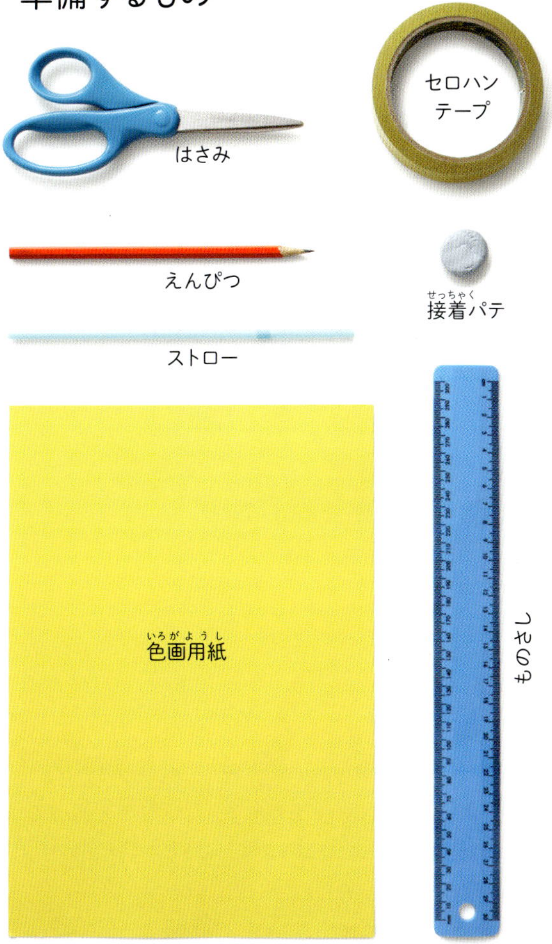
はさみ
セロハンテープ
えんぴつ
接着《せっちゃく》パテ
ストロー
色画用紙《いろがようし》
ものさし

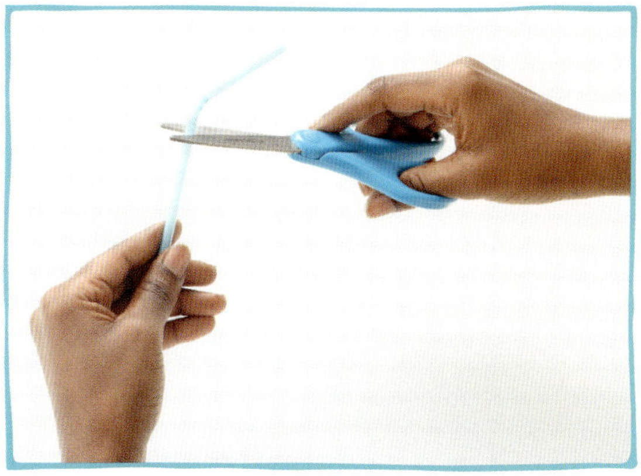

1 ヘリコプターが安定《あんてい》して飛《と》ぶよう、ストローはまっすぐなものを使《つか》います。曲《ま》がるストローの場合《ばあい》はカーブ部分《ぶぶん》のすぐ下《した》で切《き》り落《お》とします。

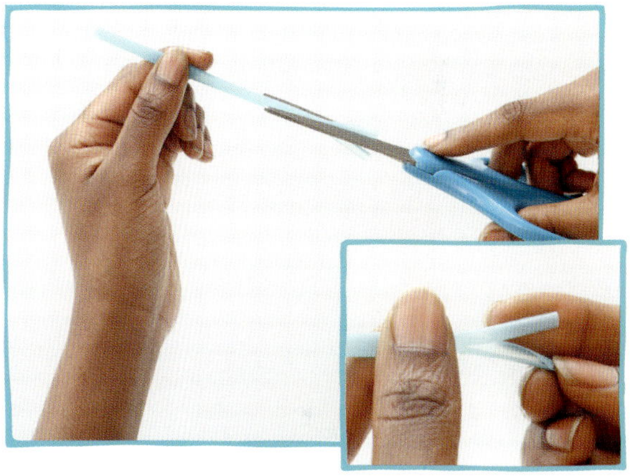

2 ストローの片端《かたはし》に、はさみで約《やく》1cm の切《き》り込《こ》みを入《い》れます。この部分《ぶぶん》でブレードを固定《こてい》します。

付録《ふろく》のテンプレート（154 ページ）をなぞるとやりやすいよ！

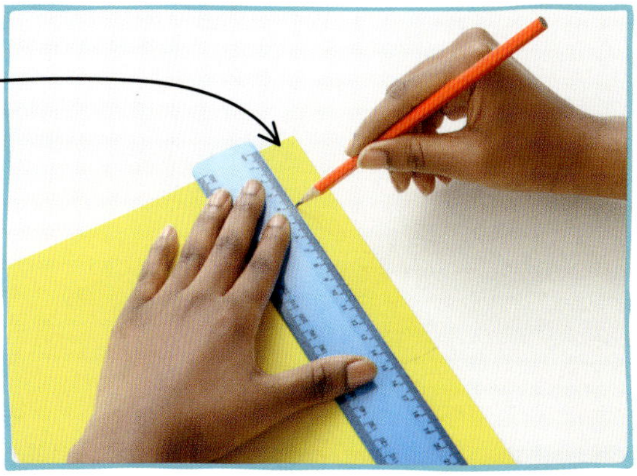

3 つぎにブレードを作《つく》ります。机《つくえ》の上《うえ》に画用紙《がようし》を置《お》き、端《はし》の部分《ぶぶん》を使《つか》って、幅《はば》2cm、長《なが》さ 14cm の長方形《ちょうほうけい》を書《か》きます。

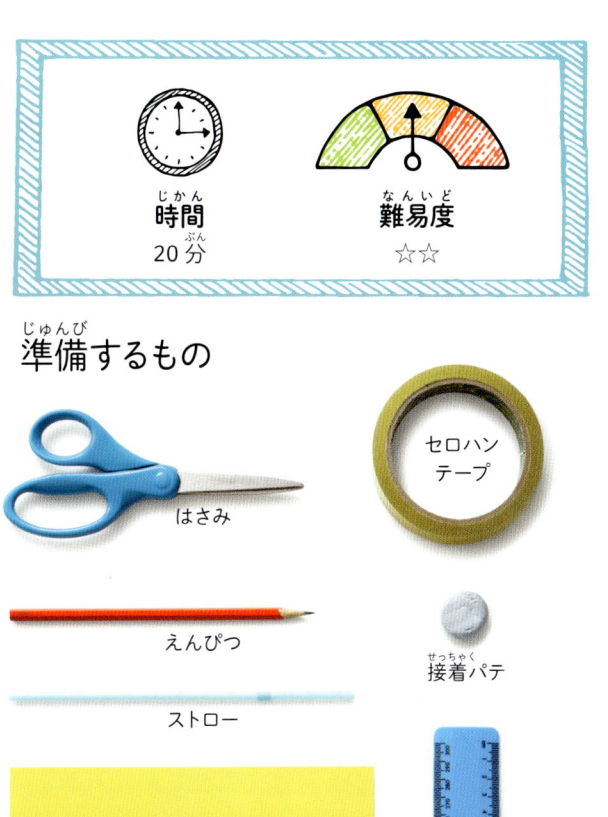

4 長方形《ちょうほうけい》を切《き》り取《と》ります。

短《みじか》い辺《へん》の端《はし》から
1cm がちょうど
真《ま》ん中《なか》だよ！

5 長方形《ちょうほうけい》の長《なが》い辺《へん》の半分《はんぶん》（端《はし》から 7cm）を測《はか》り、中心《ちゅうしん》にしるしをつけます。

6 ブレードを接着《せっちゃく》パテの上《うえ》に置《お》き、しるしをつけたところにえんぴつの先《さき》で穴《あな》をあけます。

ブレードは
まだ曲《ま》げないよ！

7 ストローの切《き》り込《こ》みを入《い》れた方《ほう》を、穴《あな》に押《お》し込《こ》みます。入《い》れにくい場合《ばあい》は、えんぴつで穴《あな》をもう少《すこ》し大《おお》きくします。

8 ストローの 2 つの切《き》り込《こ》みを反対《はんたい》向《む》きに広《ひろ》げるように折《お》り曲《ま》げます。ブレードに押《お》しつけ、テープで固定《こてい》します。まだ、ブレードは平《たい》らなままです。

テープでストローの
切《き》り込《こ》みを画用紙《がようし》に
貼《は》りつける

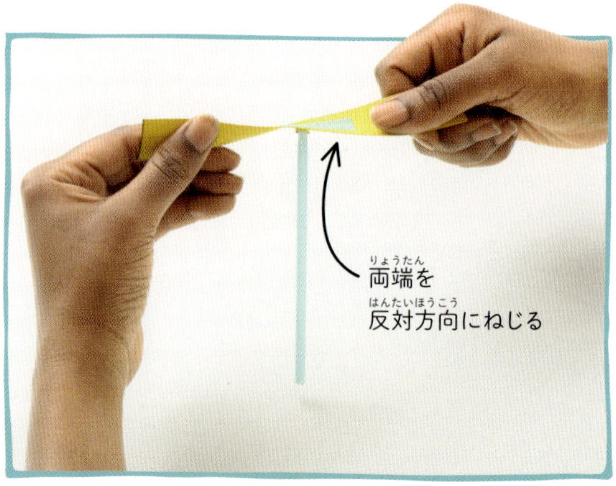

9 いよいよ、ブレードをねじるよ！ 両端《りょうたん》を持《も》って、時計回《とけいまわ》りにそっとひねります。こうしないと、ヘリコプターが飛《と》び立《た》たないんだ。

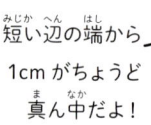

10 これで、ヘリコプターが完成《かんせい》！飛《と》ばすには、両手《りょうて》のひらでストローをはさみ、右手《みぎて》をすっと前《まえ》に滑《すべ》らせながら手《て》を離《はな》して！

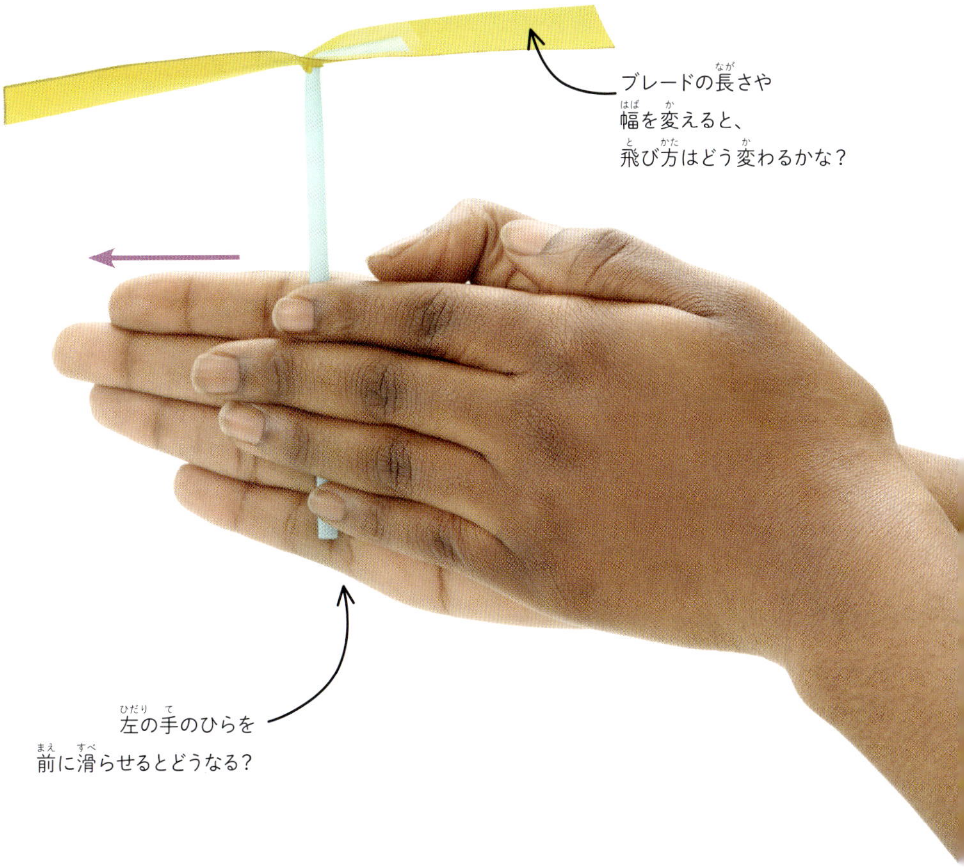
ブレードの長《なが》さや
幅《はば》を変《か》えると、
飛《と》び方《かた》はどう変《か》わるかな？
左《ひだり》の手《て》のひらを
前《まえ》に滑《すべ》らせるとどうなる？

ブレードが
空気《くうき》を押《お》し下《さ》げ、
上向《うわむ》きの力《ちから》「揚力《ようりょく》」
を生《う》み出《だ》す

どうしてこうなるの？

ヘリコプターのブレードが回転《かいてん》するとき、ひねった部分《ぶぶん》がまわりの空気《くうき》を押《お》し下《さ》げ、圧力《あつりょく》の高《たか》い空気《くうき》ができます（ブレードより上《うえ》の方《ほう》が圧力《あつりょく》が低《ひく》い）。この高圧空気《こうあつくうき》がブレードを押《お》し上《あ》げます。この力《ちから》を「揚力《ようりょく》」といいます。いろんなタイプのヘリコプターを作《つく》り、いちばんよく飛《と》ぶときのブレードの長《なが》さと幅《はば》、ひねり具合《ぐあい》、ストローの長《なが》さを探《さぐ》ってみて！

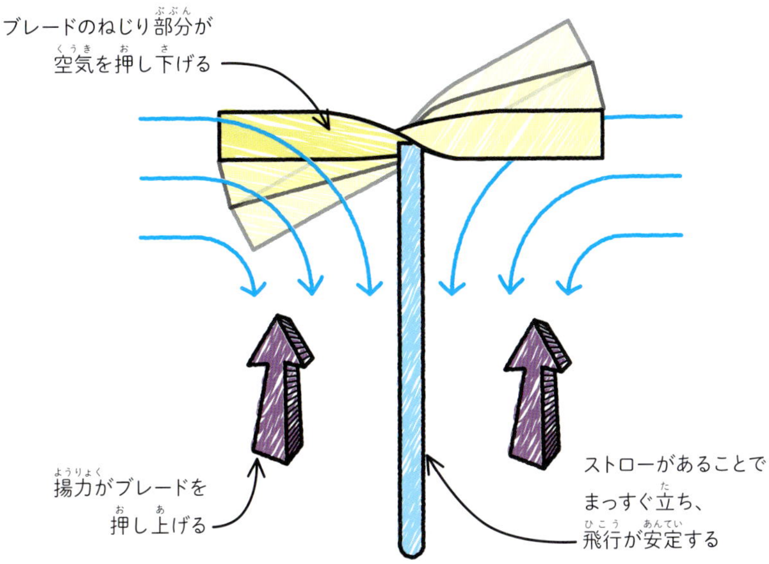
ブレードのねじり部分《ぶぶん》が
空気《くうき》を押《お》し下《さ》げる
揚力《ようりょく》がブレードを
押《お》し上《あ》げる
ストローがあることで
まっすぐ立《た》ち、
飛行《ひこう》が安定《あんてい》する

現実世界《げんじつせかい》では？

無人航空機《むじんこうくうき》

人《ひと》が乗《の》っていない航空機《こうくうき》（無人航空機《むじんこうくうき》、ドローン）にも、このヘリコプターとよく似《に》たブレードがあります。電気《でんき》モーターでブレードを動《うご》かし、回転《かいてん》させ続《つづ》けることで、揚力《ようりょく》を生《う》み出《だ》すのです。ブレードの回転《かいてん》スピードが速《はや》くなるほど、揚力《ようりょく》も大《おお》きくなります。進行《しんこう》方向《ほうこう》を変《か》えるには、片側《かたがわ》のブレードを反対側《はんたいがわ》より速《はや》く回転《かいてん》させます。

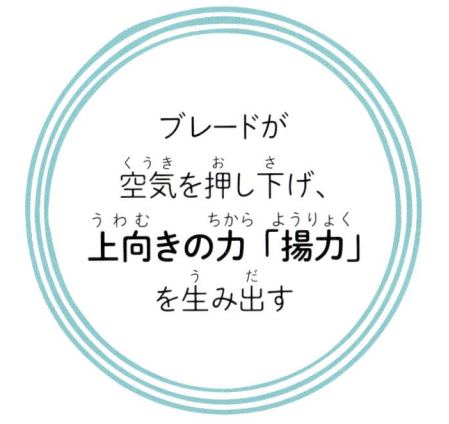

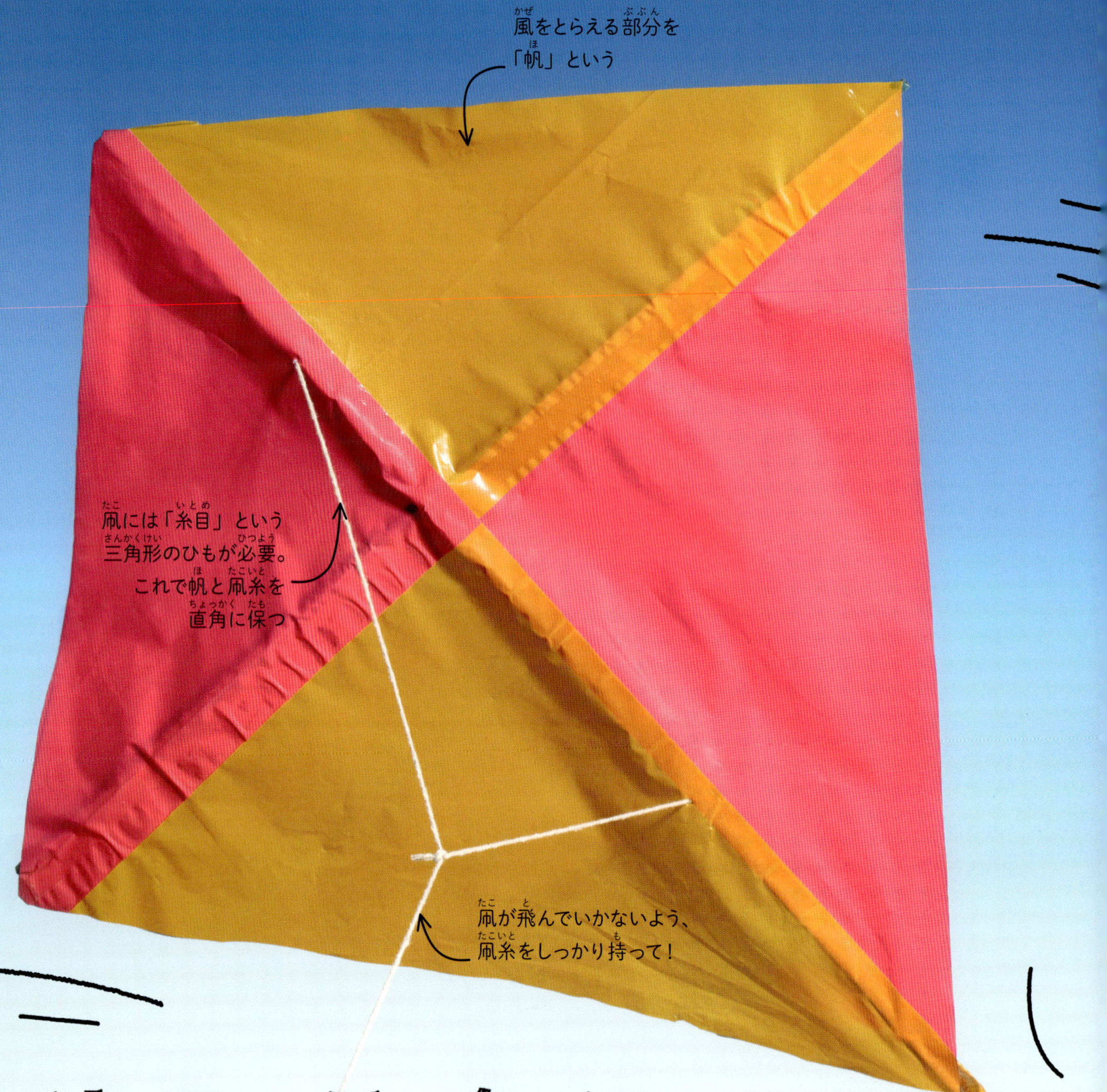
風《かぜ》をとらえる部分《ぶぶん》を
「帆《ほ》」という
凧《たこ》には「糸目《いとめ》」という
三角形《さんかくけい》のひもが必要《ひつよう》。
これで帆《ほ》と凧糸《たこいと》を
直角《ちょっかく》に保《たも》つ
凧《たこ》が飛《と》んでいかないよう、
凧糸《たこいと》をしっかり持《も》って！

ダイヤモンド・カイト

そよ風《かぜ》が吹《ふ》いてきた……風《かぜ》の力《ちから》を感《かん》じるには凧揚《たこあ》げがいちばん！　風《かぜ》にのって空高《そらたか》く舞《ま》い上《あ》がる凧《たこ》を、地上《ちじょう》から操《あやつ》るんだ。今回《こんかい》は、よく飛《と》ぶカラフルな凧《たこ》を、おうちにある材料《ざいりょう》ばかりで作《つく》ってみるよ。凧揚《たこあ》げがうまくいったら、帆《ほ》の素材《そざい》を変《か》えてみる、サイズをもっと大《おお》きくしてみる、糸《いと》をもっと長《なが》くしてみるなど、いろいろ挑戦《ちょうせん》してみて！

凧揚《たこあ》げ

凧《たこ》をうまく揚《あ》げるには根気強《こんきづよ》く練習《れんしゅう》しないといけないけど、努力《どりょく》するだけの価値《かち》はあるよ！　凧揚《たこあ》げにもってこいの場所《ばしょ》は、人《ひと》があまりいない浜辺《はまべ》です。海風《うみかぜ》が吹《ふ》き続《つづ》けているからね。天気《てんき》が荒《あ》れているときや風《かぜ》が強《つよ》いときは、絶対《ぜったい》に凧《たこ》を揚《あ》げないで。電線《でんせん》や空港《くうこう》の近《ちか》くもダメだよ。

ダイヤモンド・カイト の作《つく》り方《かた》

風《かぜ》をとらえる帆《ほ》の部分《ぶぶん》には、軽《かる》くて平《ひら》たい、しなやかな素材《そざい》を使《つか》わないといけません。今回《こんかい》は２色《しょく》のビニール袋《ぶくろ》を用意《ようい》しましょう。丈夫《じょうぶ》でしなやかな棒《ぼう》を２本《ほん》と、空高《そらたか》く舞《ま》い上《あ》がる凧《たこ》を引《ひ》っ張《ぱ》るためのひもも、たくさん使《つか》います。

時間《じかん》
45分《ふん》

難易度《なんいど》
☆☆☆

準備《じゅんび》するもの

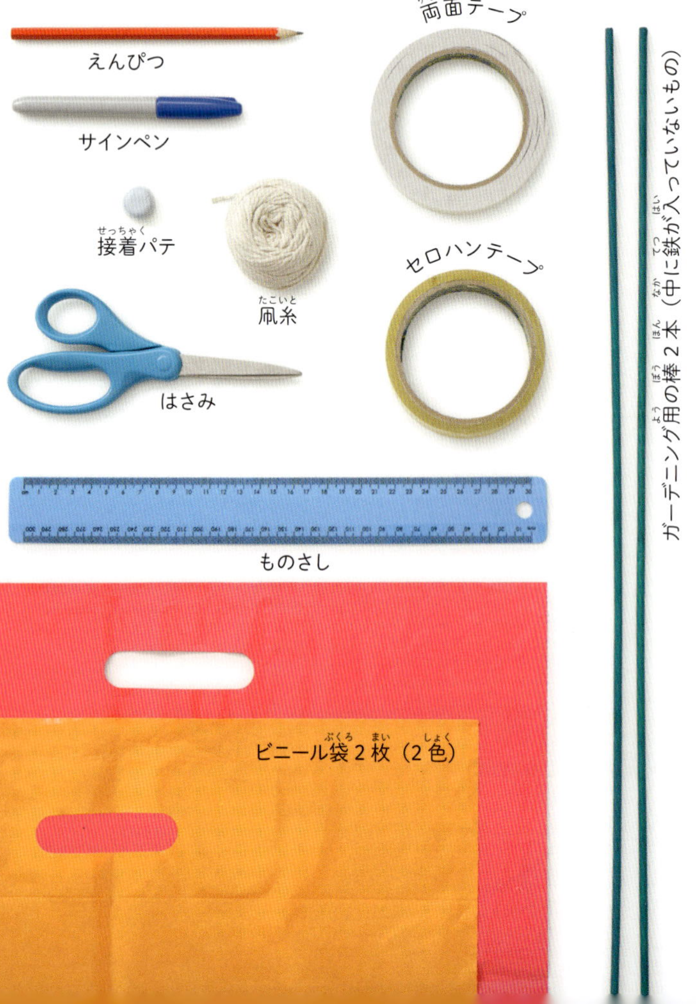
えんぴつ
サインペン
接着《せっちゃく》パテ
凧糸《たこいと》
はさみ
両面《りょうめん》テープ
セロハンテープ
ものさし
ガーデニング用《よう》の棒《ぼう》２本《ほん》（中《なか》に鉄《てつ》が入《はい》っていないもの）
ビニール袋《ぶくろ》２枚《まい》（２色《しょく》）

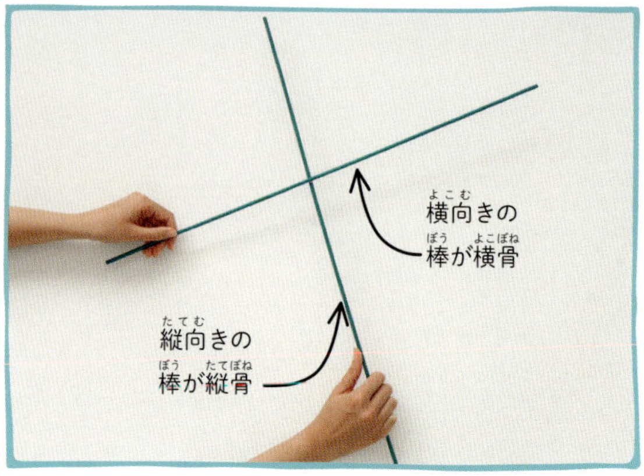
横向《よこむ》きの
棒《ぼう》が横骨《よこぼね》
縦向《たてむ》きの
棒《ぼう》が縦骨《たてぼね》

1 ２本《ほん》の棒《ぼう》を直角《ちょっかく》に置《お》きます。縦向《たてむ》きの棒《ぼう》（縦骨《たてぼね》）の半分《はんぶん》より少《すこ》し上《うえ》の位置《いち》に横向《よこむ》きの棒《ぼう》（横骨《よこぼね》）を重《かさ》ねて置《お》きます。

2 凧糸《たこいと》を40cmに切《き》ります。横骨《よこぼね》と縦骨《たてぼね》をくくるのに使《つか》います。

3 ２本《ほん》の棒《ぼう》が交差《こうさ》した部分《ぶぶん》に、ひもを２～３周《しゅう》巻《ま》きつけてくくります。横骨《よこぼね》は縦骨《たてぼね》の半分《はんぶん》より少《すこ》し上《うえ》で直角《ちょっかく》に交差《こうさ》してるよね？

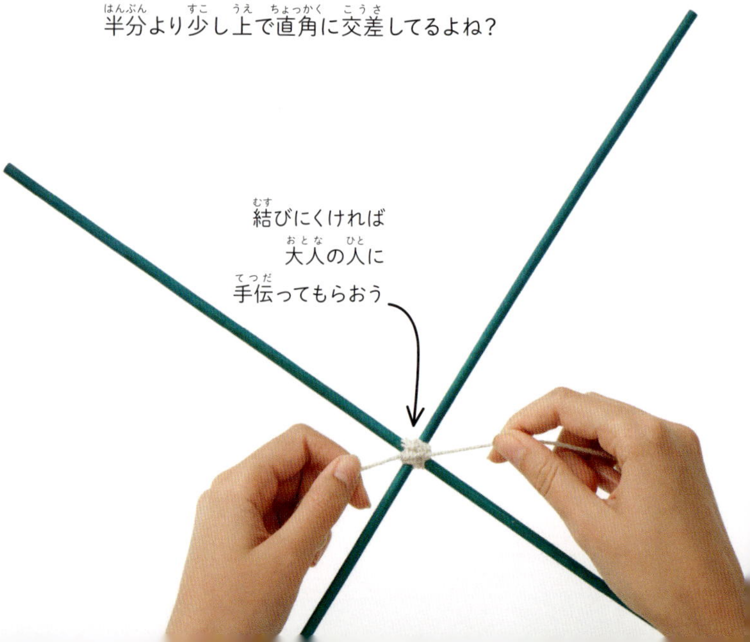
結《むす》びにくければ
大人《おとな》の人《ひと》に
手伝《てつだ》ってもらおう

ビニール袋《ぶくろ》の
3つの辺《へん》に沿《そ》って切《き》り、
4枚《まい》のシートにする

4 ビニール袋《ぶくろ》2枚《まい》の両側《りょうがわ》と底辺《ていへん》に沿《そ》ってはさみで切《き》り、大《おお》きさ・かたちが同《おな》じ4枚《まい》のビニールシートを作《つく》ります。

5 ビニールシート1枚《まい》の底辺《ていへん》に沿《そ》って両面《りょうめん》テープをまっすぐ貼《は》り、はく離紙《りし》をはがします。

6 色《いろ》が違《ちが》うビニールシート1枚《まい》を、手順《てじゅん》5の両面《りょうめん》テープの上《うえ》に貼《は》りつけます。

7 4枚《まい》のシートを、色《いろ》を交互《こうご》にして両面《りょうめん》テープで貼《は》り合《あ》わせます。なるべく、貼《は》り合《あ》わせた部分《ぶぶん》にしわができないようにね。

棒《ぼう》が直角《ちょっかく》に
交《まじ》わっていれば、
シートのつなぎ目《め》と
ぴったり合《あ》うよ

8 ビニールシートの上《うえ》に交差《こうさ》させた棒《ぼう》を置《お》きます。棒《ぼう》の交差部分《こうさぶぶん》をビニールシートの中心《ちゅうしん》に合《あ》わせます。

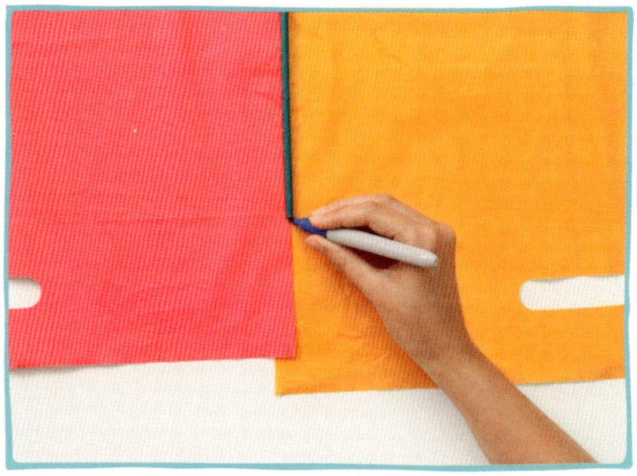

9 棒《ぼう》の端《はし》があたる4か所《しょ》にサインペンでしるしをつけ、いったん棒《ぼう》は横《よこ》に置《お》いておきます。

10 ものさしとサインペンを使《つか》い、4つのマークを直線《ちょくせん》で結《むす》びます。これが帆《ほ》の輪郭《りんかく》になります。

残《のこ》りのビニールで、
凧《たこ》のテールを作《つく》るから
取《と》っておいてね

11 直線《ちょくせん》に沿《そ》ってはさみで切《き》ると、帆《ほ》の部分《ぶぶん》ができます。

12 交差《こうさ》した棒《ぼう》を帆《ほ》の上《うえ》に置《お》きます。棒《ぼう》の両端《りょうたん》と帆《ほ》の頂点《ちょうてん》をぴったり合《あ》わせます。

13 棒《ぼう》の端《はし》と帆《ほ》を4か所《しょ》、テープで固定《こてい》します。しっかりとめておかないと、凧《たこ》が風《かぜ》でばらばらになっちゃうよ！

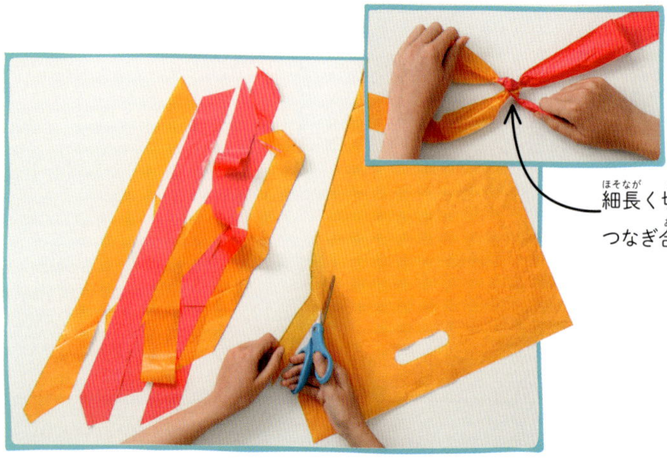

細長《ほそなが》く切《き》って
つなぎ合《あ》わせる

14 つぎにテールを作《つく》ります。手順《てじゅん》11で残《のこ》しておいたビニールを細長《ほそなが》く切《き》り、色《いろ》を交互《こうご》につないでいきます。

15 テールの片端《かたはし》を縦骨《たてぼね》にくくりつけ、下《した》の方《ほう》までずらします。

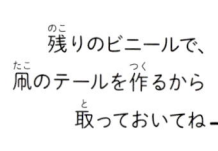

交差部分《こうさぶぶん》と
上《うえ》の頂点《ちょうてん》の
真《ま》ん中《なか》に
しるしをつける
交差部分《こうさぶぶん》と
下《した》の頂点《ちょうてん》の
真《ま》ん中《なか》に
しるしをつける

16 帆《ほ》に2か所《しょ》しるしをつけます。1つはいちばん上《うえ》の頂点《ちょうてん》と棒《ぼう》の交差部分《こうさぶぶん》との真《ま》ん中《なか》、もう1つはいちばん下《した》の頂点《ちょうてん》と交差部分《こうさぶぶん》との真《ま》ん中《なか》。しるしの下《した》に接着《せっちゃく》パテを置《お》き、えんぴつで小《ちい》さな穴《あな》をあけます。

17 ひもを縦骨《たてぼね》と同《おな》じ長《なが》さに切《き》ります。ビニールシートの裏側《うらがわ》から2つの穴《あな》に糸《いと》を通《とお》し、糸《いと》の両端《りょうたん》は縦骨《たてぼね》に結《むす》びつけます。

ここに凧糸《たこいと》を
取《と》りつける
凧《たこ》を斜《なな》めに保《たも》つ部分《ぶぶん》で
「糸目《いとめ》」という

18 凧《たこ》をひっくり返《かえ》し、凧糸《たこいと》を反対側《はんたいがわ》に引《ひ》っ張《ぱ》り出《だ》します。糸《いと》を引《ひ》っ張《ぱ》って、指《ゆび》でつまんでいる頂点《ちょうてん》を横骨《よこぼね》の高《たか》さに合《あ》わせます。糸《いと》はピンと張《は》った状態《じょうたい》だよ。

凧《たこ》は風《かぜ》に対《たい》して**斜《なな》めに浮《う》かぶ**ので、空気《くうき》がその下《した》に取《と》り込《こ》まれる

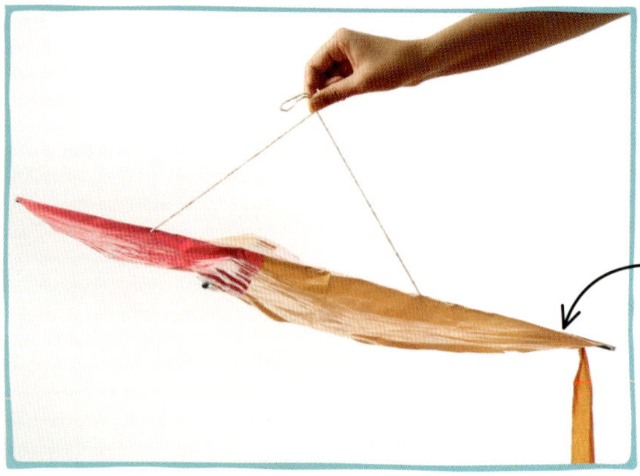
テールはノーズより
位置《いち》が低《ひく》くなる

19 糸《いと》をつまんで凧《たこ》をぶら下《さ》げると、ノーズ（先端《せんたん》）がテール（尾部《びぶ》）より高《たか》い斜《なな》めになるよ。

結《むす》びにくかったら、
大人《おとな》の人《ひと》に
手伝《てつだ》ってもらおう

20 つまんでいた位置《いち》で糸《いと》を結《むす》び、小《ちい》さな輪《わ》を作《つく》ります。ここに凧糸《たこいと》を取《と》りつけます。

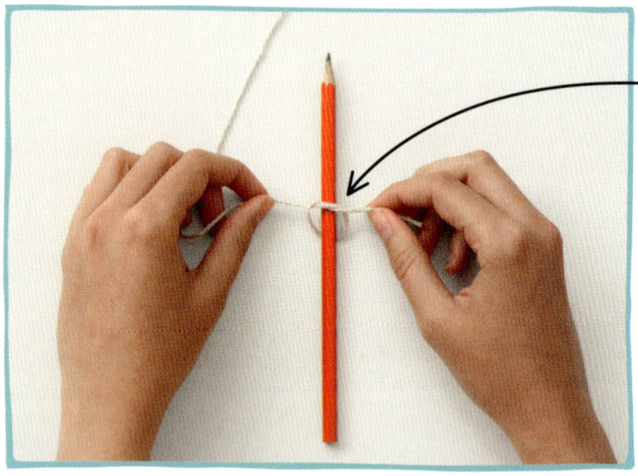
糸《いと》をえんぴつに
しっかり結《むす》びつける

21 長《なが》い糸《いと》を1本《ぽん》切《き》る、または残《のこ》りの糸《いと》を全部《ぜんぶ》使《つか》ってもいいよ。糸《いと》の片端《かたはし》をえんぴつ（わりばしでもいいよ）の真《ま》ん中《なか》に結《むす》びつけ、ハンドルにします。

22 凧糸《たこいと》をすべて、えんぴつに巻《ま》きつけます。凧《たこ》が高《たか》く上《あ》がると、この糸《いと》をほどいていきます。

23 糸《いと》のもう一方《いっぽう》の端《はし》を、「糸目《いとめ》」に作《つく》った輪《わ》にくくりつけます。これで準備《じゅんび》ができました！　広々《ひろびろ》した場所《ばしょ》で凧《たこ》を揚《あ》げてみよう。そよ風《かぜ》の吹《ふ》く日《ひ》の高台《たかだい》なら完璧《かんぺき》！

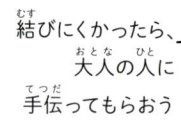

どうしてこうなるの？

凧《たこ》を持《も》ち上《あ》げる風《かぜ》の正体《しょうたい》は、空気《くうき》の動《うご》きです。凧《たこ》が斜《なな》めになっているから、空気《くうき》が帆《ほ》の下《した》に取《と》り込《こ》まれるのです。取《と》り込《こ》まれた空気《くうき》を風《かぜ》が押《お》し下《さ》げると、今度《こんど》は空気《くうき》が凧《たこ》を押《お》し上《あ》げます。この力《ちから》を「揚力《ようりょく》」といいます。凧《たこ》は、風《かぜ》によって上向《うわむ》きと後《うし》ろ向《む》きに押《お》されると同時《どうじ》に、凧糸《たこいと》で下向《したむ》きと前向《まえむ》きに引《ひ》っ張《ぱ》られます。風《かぜ》が強《つよ》くなるほど、力《ちから》いっぱい引《ひ》っ張《ぱ》らないといけないよ！ 風《かぜ》が止《や》むか凧糸《たこいと》を引《ひ》っ張《ぱ》るのをやめると、重力《じゅうりょく》によって凧《たこ》が地上《ちじょう》に落《お》ちてきます。

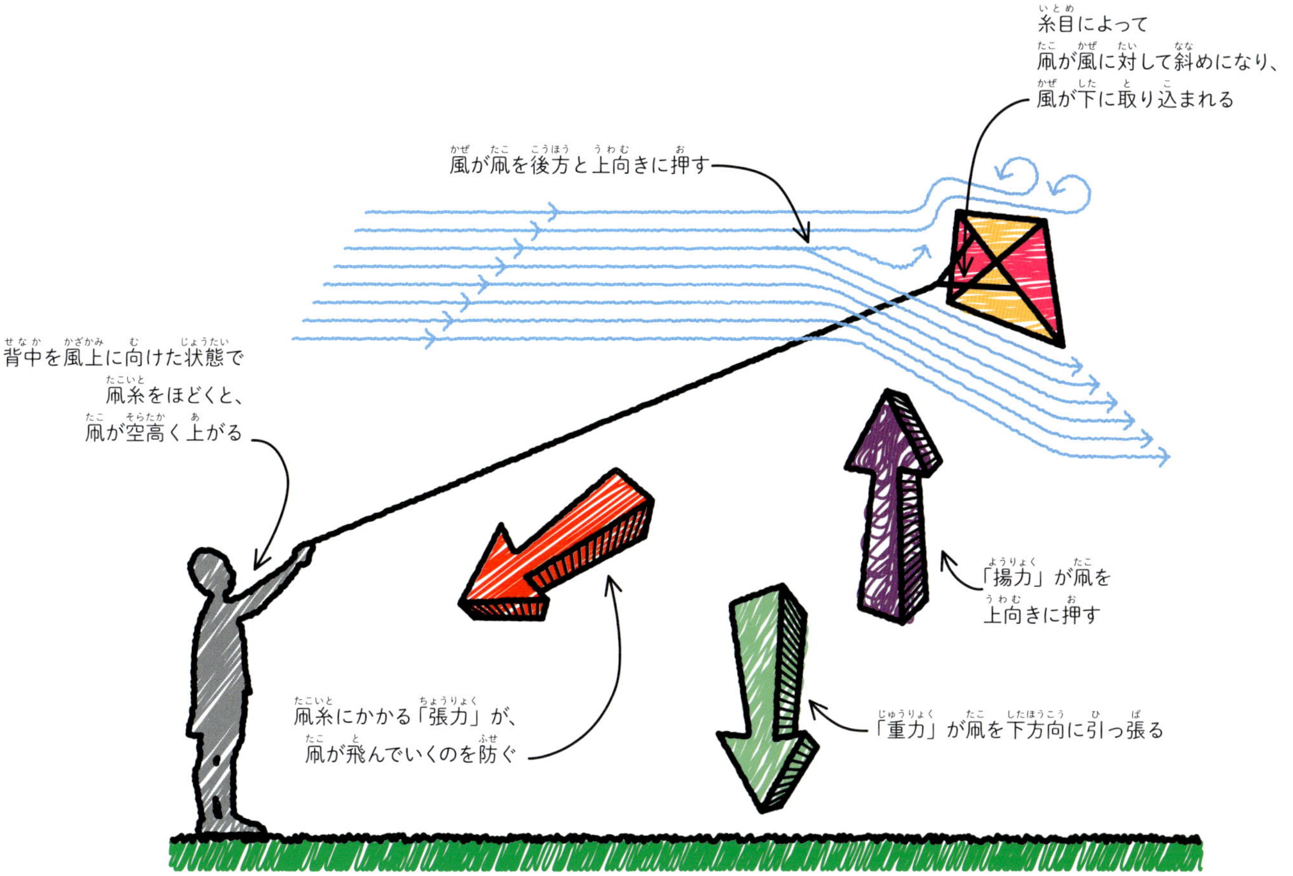
糸目《いとめ》によって
凧《たこ》が風《かぜ》に対《たい》して斜《なな》めになり、
風《かぜ》が下《した》に取《と》り込《こ》まれる
風《かぜ》が凧《たこ》を後方《こうほう》と上向《うわむ》きに押《お》す
背中《せなか》を風上《かざかみ》に向《む》けた状態《じょうたい》で
凧糸《たこいと》をほどくと、
凧《たこ》が空高《そらたか》く上《あ》がる
「揚力《ようりょく》」が凧《たこ》を
上向《うわむ》きに押《お》す
凧糸《たこいと》にかかる「張力《ちょうりょく》」が、
凧《たこ》が飛《と》んでいくのを防《ふせ》ぐ
「重力《じゅうりょく》」が凧《たこ》を下方向《したほうこう》に引《ひ》っ張《ぱ》る

現実世界《げんじつせかい》では？

カイトサーフィン

サーフボードに乗《の》ったカイトサーファーは、腰《こし》につけた大《おお》きなスポーツカイトで加速《かそく》し、海《うみ》を疾走《しっそう》します。スポートカイトはもうちょっと作《つく》りが複雑《ふくざつ》です。ひもが２本《ほん》あるので、コントロールもしやすいのです。どちらかのひもを引《ひ》っ張《ぱ》ることでカイトへの空気《くうき》のあたり方《かた》を調整《ちょうせい》し、進行《しんこう》方向《ほうこう》を変《か》えられます。カイトサーファーは空中《くうちゅう》で、ジャンプ、宙返《ちゅうがえ》り、スピンなど高度《こうど》な技《わざ》を披露《ひろう》します。

ペットボトルロケット

5…4…3…2…1…発射《はっしゃ》！　高速《こうそく》で空《そら》に飛《と》び立《た》つ強力《きょうりょく》ロケットを飛《と》ばしてみよう。ロケット燃料《ねんりょう》は一切《いっさい》使《つか》わずにだよ！　必要《ひつよう》なのは空気《くうき》と水《みず》、そしてきみの筋力《きんりょく》を使《つか》って空高《そらたか》く打《う》ち上《あ》げるんだ。さすがに星《ほし》までは届《とど》かないけど、ものすごい速《はや》さで高《たか》く飛《と》ぶから感動《かんどう》しちゃうよ。さあ、材料《ざいりょう》を準備《じゅんび》して、発射準備《はっしゃじゅんび》に取《と》り掛《か》かろう！

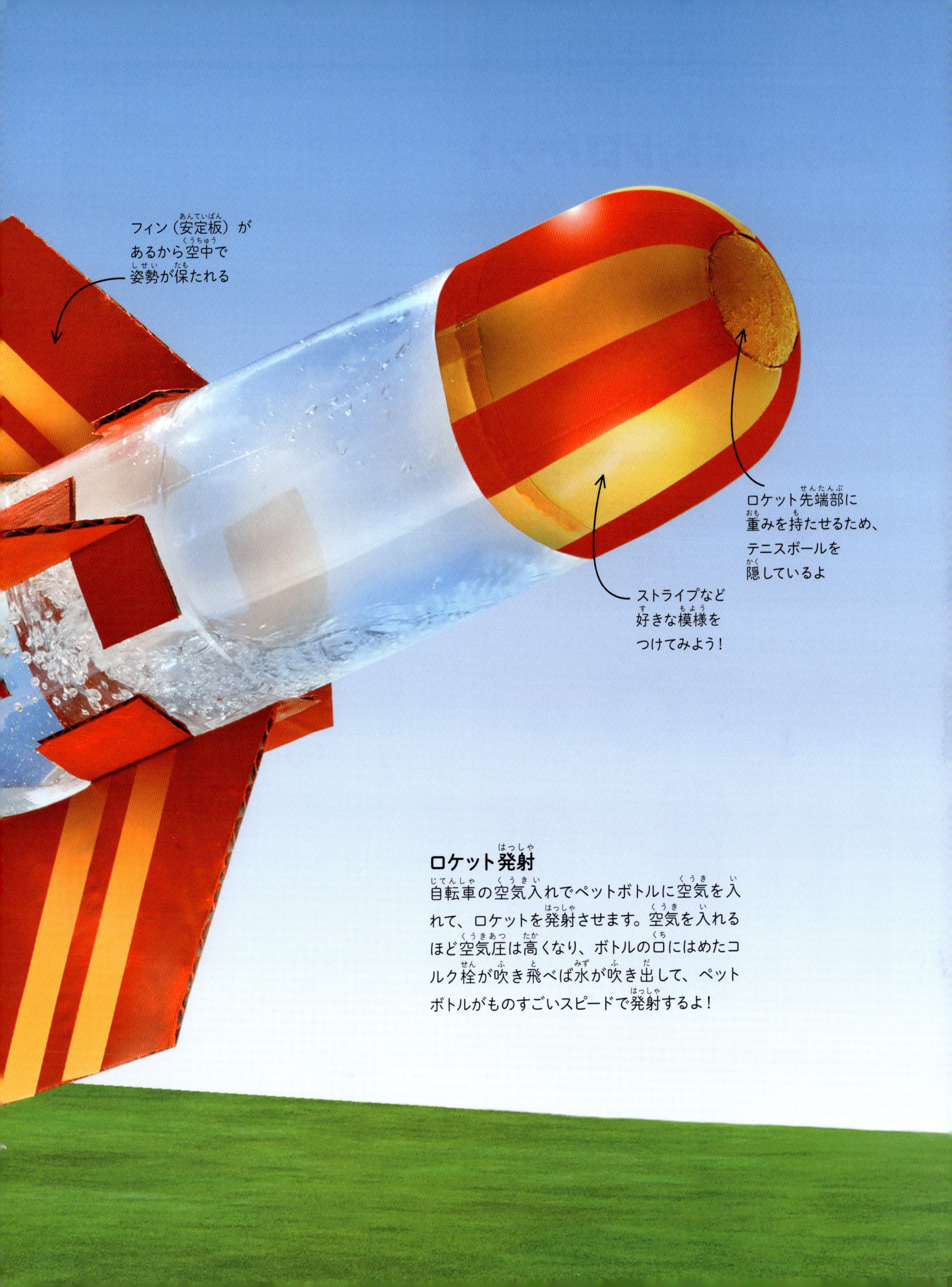
フィン（安定板《あんていばん》）が
あるから空中《くうちゅう》で
姿勢《しせい》が保《たも》たれる
ロケット先端部《せんたんぶ》に
重《おも》みを持《も》たせるため、
テニスボールを
隠《かく》しているよ
ストライプなど
好《す》きな模様《もよう》を
つけてみよう！

ロケット発射《はっしゃ》

自転車《じてんしゃ》の空気《くうき》入《い》れでペットボトルに空気《くうき》を入《い》れて、ロケットを発射《はっしゃ》させます。空気《くうき》を入《い》れるほど空気圧《くうきあつ》は高《たか》くなり、ボトルの口《くち》にはめたコルク栓《せん》が吹《ふ》き飛《と》べば水《みず》が吹《ふ》き出《だ》して、ペットボトルがものすごいスピードで発射《はっしゃ》するよ！

ペットボトルロケット の作《つく》り方《かた》

広《ひろ》い空《そら》に向《む》かって、空気圧《くうきあつ》でロケットを飛《と》ばすよ！ ロケットは２本《ほん》のペットボトルで作《つく》ります。１本《ぽん》はロケット本体《ほんたい》に、もう１本《ぽん》はロケット先端《せんたん》の「ノーズコーン」として使《つか》います。作《つく》り方《かた》はちょっと複雑《ふくざつ》だよ。だって、ロケットの科学《かがく》には高度《こうど》な知識《ちしき》が必要《ひつよう》だからね！

時間《じかん》
１時間《じかん》

難易度《なんいど》
☆☆☆

準備《じゅんび》するもの

接着《せっちゃく》パテ
両面《りょうめん》テープ
絵《え》の具《ぐ》
ビニールテープ
テニスボール
ものさし
絵筆《えふで》
サインペン
バルブ（弁《べん》）
コルク
足踏《あしぶ》み式《しき》空気入《くうきい》れ
水《みず》がいっぱい入《はい》ったペットボトル（小《しょう》）
段《だん》ボール
色画用紙《いろがようし》
はさみ
ペットボトル（大《だい》）２本《ほん》

1 １本《ぽん》のペットボトル（大《だい》）のキャップから10cmのところにペンでしるしをつけます。

2 しるしの位置《いち》に合《あ》わせて画用紙《がようし》を巻《ま》き、上辺《じょうへん》に沿《そ》ってペットボトルに直線《ちょくせん》を書《か》き入《い》れます。

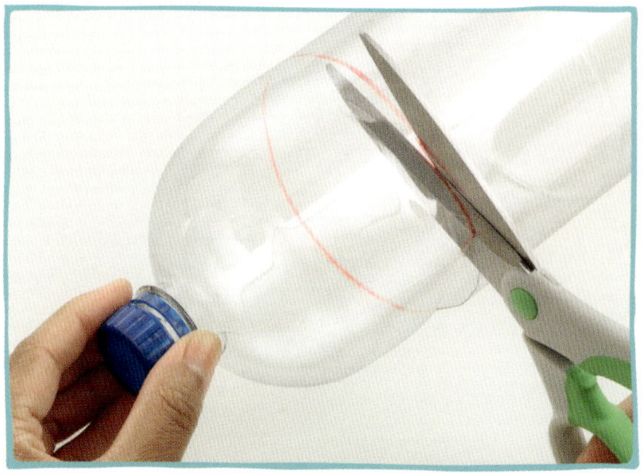

3 線《せん》に沿《そ》って、はさみでペットボトルを切《き》ります。難《むずか》しかったら大人《おとな》の人《ひと》に手伝《てつだ》ってもらってね。

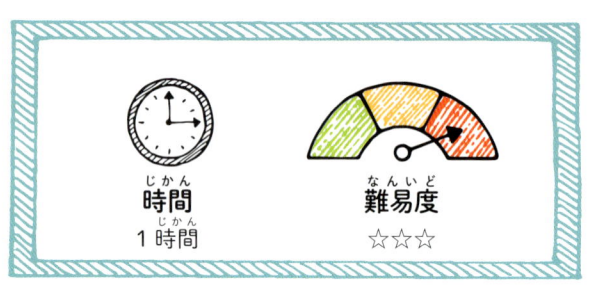

4 ペットボトルの口部分《くちぶぶん》を切《き》り落《お》とし、テニスボールより小《ちい》さい穴《あな》を作《つく》ります。

内側《うちがわ》から色《いろ》を塗《ぬ》ると、
外《そと》からピカピカして
見《み》えるよ

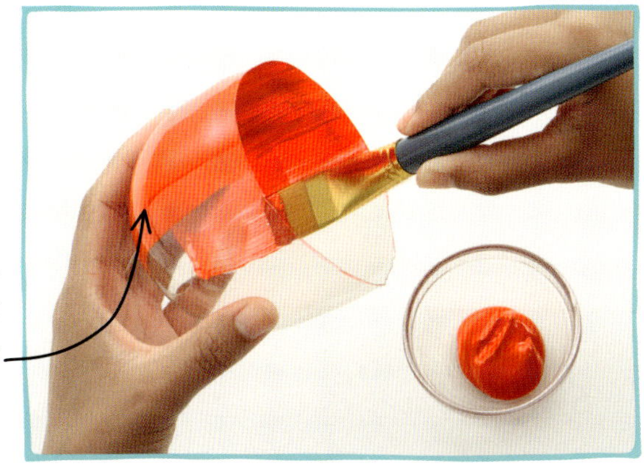

5 内側《うちがわ》に絵《え》の具《ぐ》を塗《ぬ》ります。これで、ノーズコーンはほぼ完成《かんせい》です。

6 テニスボールに色《いろ》を塗《ぬ》ります。ほんの一部《いちぶ》しか見《み》えないので、ボールの半分《はんぶん》くらい塗《ぬ》れば十分《じゅうぶん》だよ。

このつまみ部分《ぶぶん》で、
フィンを本体《ほんたい》に
取《と》りつける

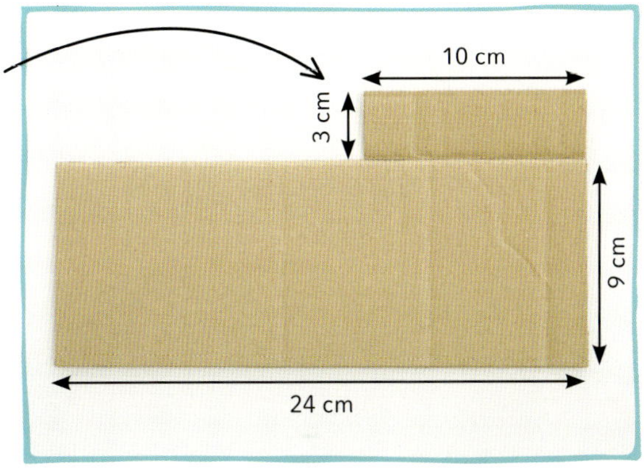
10 cm
3 cm
9 cm
24 cm

7 段《だん》ボールに大小《だいしょう》2 つの長方形《ちょうほうけい》を書《か》き入《い》れます。小《ちい》さい長方形《ちょうほうけい》（縦《たて》 3cm、横《よこ》 10cm）を大《おお》きい長方形《ちょうほうけい》（縦《たて》 9cm、横《よこ》 24cm）の上《うえ》に書《か》きます。外側《そとがわ》の線《せん》に沿《そ》って切《き》り、写真《しゃしん》のようなかたちにします。

真《ま》ん中《なか》の長方形《ちょうほうけい》は幅《はば》 4cm

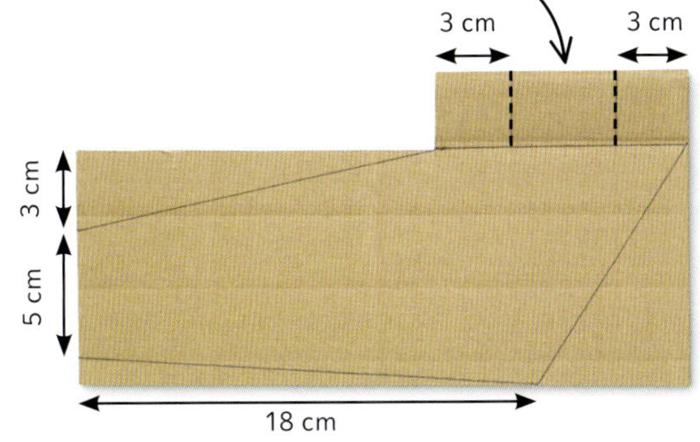
3 cm
3 cm
3 cm
5 cm
18 cm

8 大《おお》きい方《ほう》の長方形《ちょうほうけい》に、上図《じょうず》のとおりフィンのかたちを書《か》き入《い》れます。小《ちい》さい方《ほう》の長方形《ちょうほうけい》には、両端《りょうたん》から 3cm のところに 2 本《ほん》の線《せん》を書《か》き入《い》れます。

9 フィンを切《き》り取《と》ります。小《ちい》さい長方形《ちょうほうけい》の線《せん》に沿《そ》って切《き》り込《こ》みを入《い》れ、3 つのつまみにします。

10 フィンをあと3枚用意《まいようい》します。最初《さいしょ》の1枚《まい》をテンプレートにし、4枚《まい》とも大《おお》きさとかたちが同《おな》じになるように。

11 フィン4枚《まい》の両面《りょうめん》に色《いろ》を塗《ぬ》り、乾《かわ》かします。ここでは赤色《あかいろ》にしているけど、好《す》きな色《いろ》で大丈夫《だいじょうぶ》だよ！

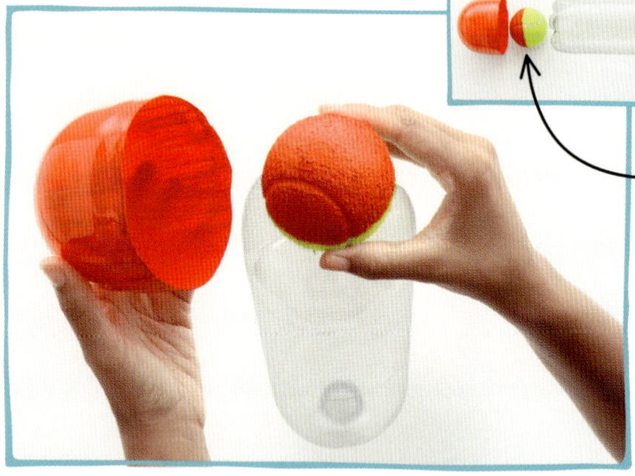

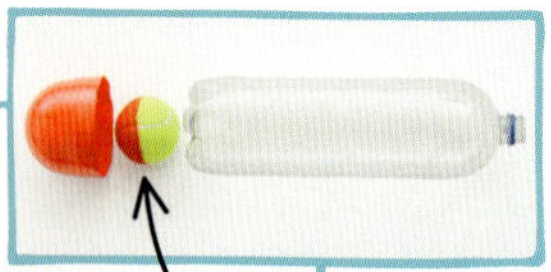
ペットボトルと
ノーズコーンの間《あいだ》に
テニスボールをはさむ

12 もう1本《ぽん》のペットボトル(大《だい》)の底《そこ》に、テニスボールの色《いろ》を塗《ぬ》った方《ほう》を上《うえ》にして置《お》きます。ノーズコーンの穴《あな》に合《あ》わせます。

13 ビニールテープでノーズコーンを固定《こてい》します。発射《はっしゃ》したときにバラバラにならないよう、しっかり取《と》りつけてね。

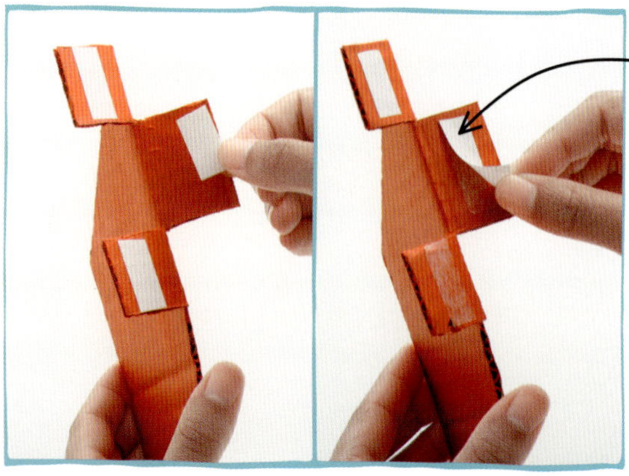
はく離紙《りし》を
はがす

14 フィンのつまみ3つのうち、上《うえ》と下《した》を左側《ひだりがわ》に折《お》り、真《ま》ん中《なか》を右側《みぎがわ》に折《お》ります。それぞれのつまみの裏面《うらめん》に両面《りょうめん》テープを貼《は》ります。

15 フィンをロケットの下《した》の方《ほう》に貼《は》りつけます。フィンの下部《かぶ》がボトルの口《くち》より突《つ》き出《で》るように。

ノーズコーンに
テニスボールを
入《い》れて、
飛行《ひこう》を安定《あんてい》させる

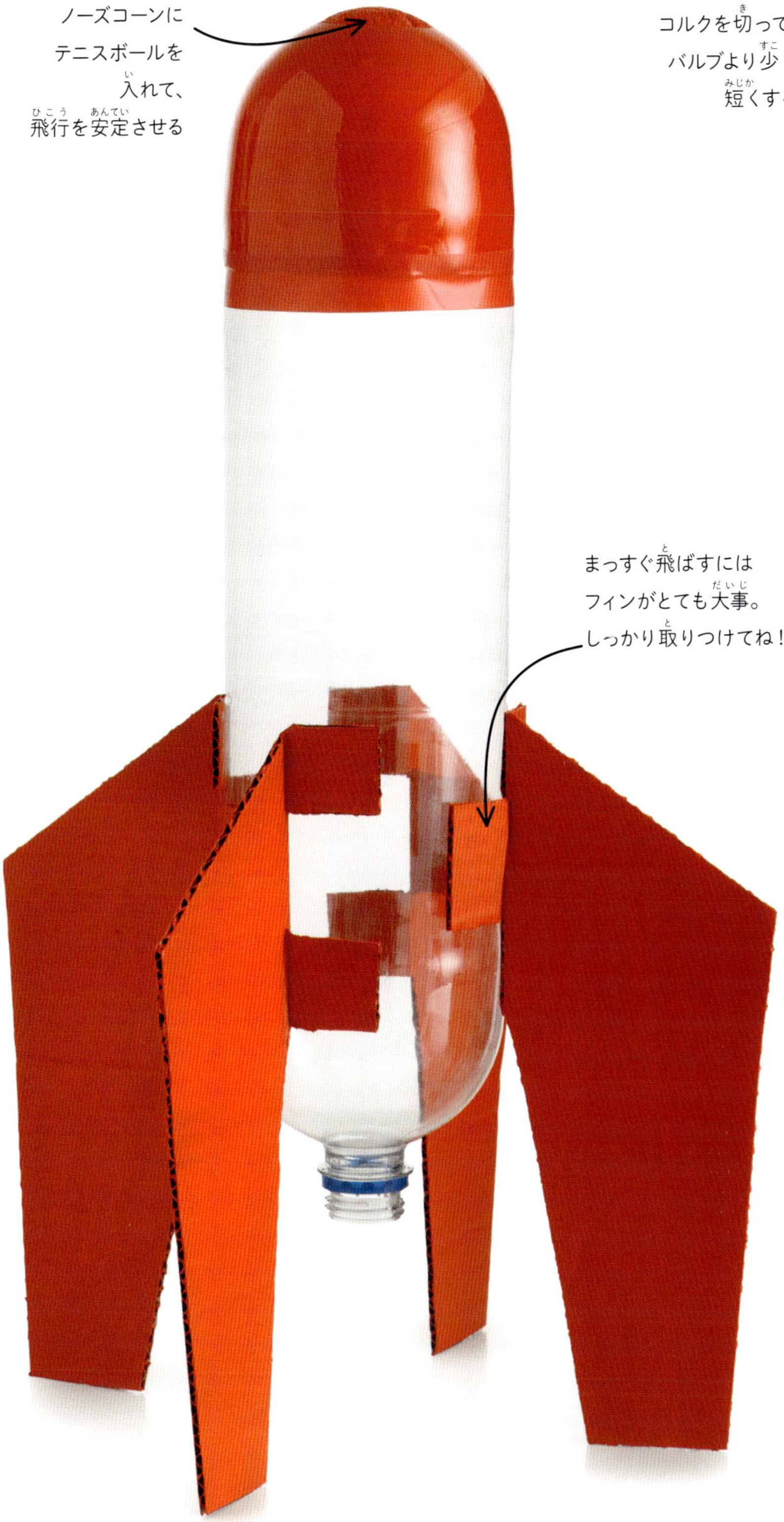

まっすぐ飛《と》ばすには
フィンがとても大事《だいじ》。
しっかり取《と》りつけてね！

16 4つのフィンの高《たか》さを合《あ》わせ、ロケットがまっすぐ立《た》つようにします。こんなふうに立《た》ったかな？

コルクを切《き》って、
バルブより少《すこ》し
短《みじか》くする

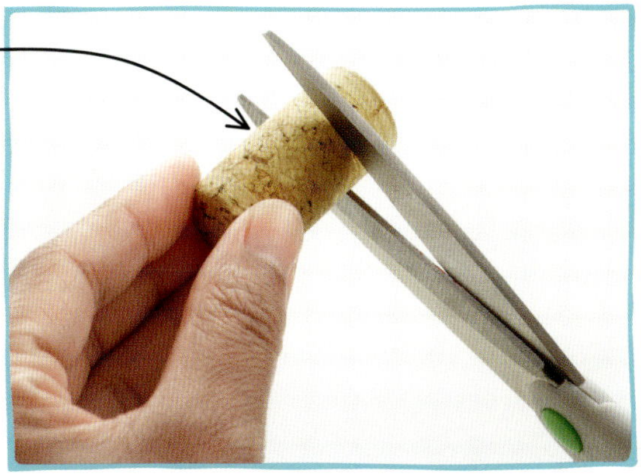

17 コルクがペットボトルの口《くち》に入《はい》ることを確認《かくにん》したら、コルクの細《ほそ》い方《ほう》を1/4ほど切《き》り落《お》とします。大人《おとな》の人《ひと》に手伝《てつだ》ってもらってね。

18 コルクの太《ふと》い方《ほう》の真《ま》ん中《なか》に空気《くうき》入《い》れのバルブを押《お》し込《こ》み、反対側《はんたいがわ》から突《つ》き出《だ》します。机《つくえ》を傷《きず》つけないよう接着《せっちゃく》パテの上《うえ》で作業《さぎょう》してね。

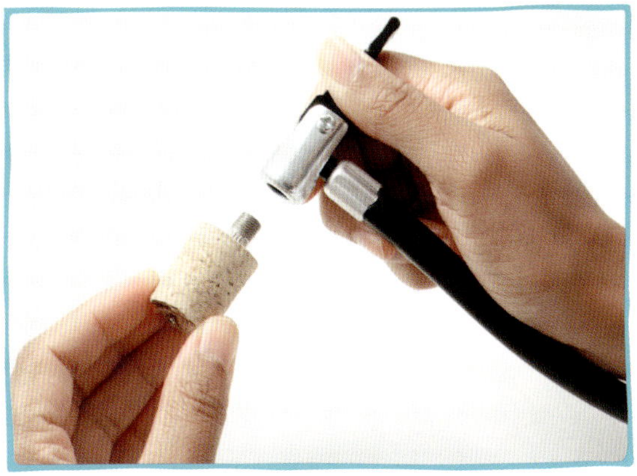

19 バルブを空気《くうき》入《い》れの口《くち》に差《さ》し込《こ》みます。

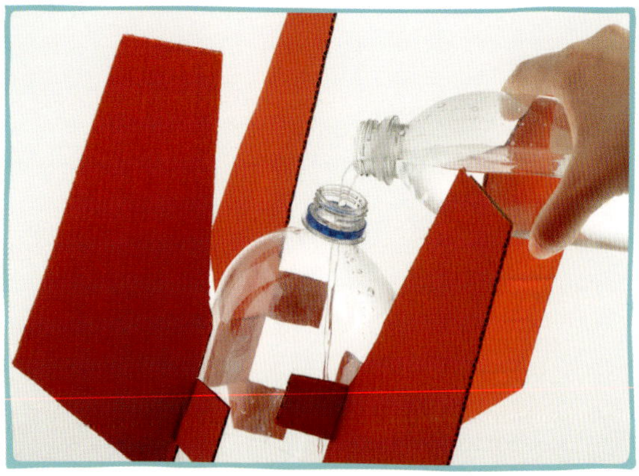

20 ロケット本体《ほんたい》を逆《さか》さまにし、ペットボトル（小《しょう》）の水《みず》500ml を入《い》れます。本体《ほんたい》の約《やく》1/3 まで水《みず》が入《はい》りました。

21 ロケットの口《くち》にコルクを押《お》し込《こ》みます。フィンが曲《ま》がらないよう注意《ちゅうい》してね。ロケット発射《はっしゃ》まであともう少《すこ》しだよ！

22 平《たい》らな場所《ばしょ》にロケットを立《た》てます。ロケットが倒《たお》れないようにしながら、空気入《くうきい》れで空気《くうき》を入《い》れていきます。空気《くうき》を入《い》れ続《つづ》けると……ロケット発射《はっしゃ》！

ロケットをお友《とも》だちに
向《む》けたらダメだよ。
それに、ロケットの上《うえ》に
自分《じぶん》の顔《かお》があると、
ぶつかって危険《きけん》だよ！
本体《ほんたい》に入《い》れる水《みず》を増《ふ》やすと
どうなるかな？
減《へ》らしてみたら？

手動式《しゅどうしき》の
空気入《くうきい》れでも
大丈夫《だいじょうぶ》！

どうしてこうなるの？

力《ちから》というのは、必《かなら》ず２つ一組《ひとくみ》で作用《さよう》します。ボートをオールでこぐときも、水《みず》を押《お》すオールの力《ちから》が反対向《はんたいむ》きの力《ちから》を生《う》み、それがオールを押《お》すからボートが前《まえ》に進《すす》むのです。ロケットが空高《そらたか》く飛《と》ぶのも、この「反力《はんりょく》」という力《ちから》のおかげ。ロケット本体《ほんたい》に空気《くうき》を入《い》れると、ボトル内《ない》の空気圧《くうきあつ》が高《たか》まり、コルクが押《お》し出《だ》され、水《みず》が強《つよ》い勢《いきお》いで吹《ふ》き出《だ》します。この下向《したむ》きの力《ちから》が上向《うわむ》きの反力《はんりょく》を生《う》み、ロケットが発射《はっしゃ》するのです。水《みず》がすべて出《で》てしまうと、内部《ないぶ》の圧力《あつりょく》が正常《せいじょう》な状態《じょうたい》に戻《もど》り、反力《はんりょく》もなくなってロケットは地上《ちじょう》に落《お》ちてきます。

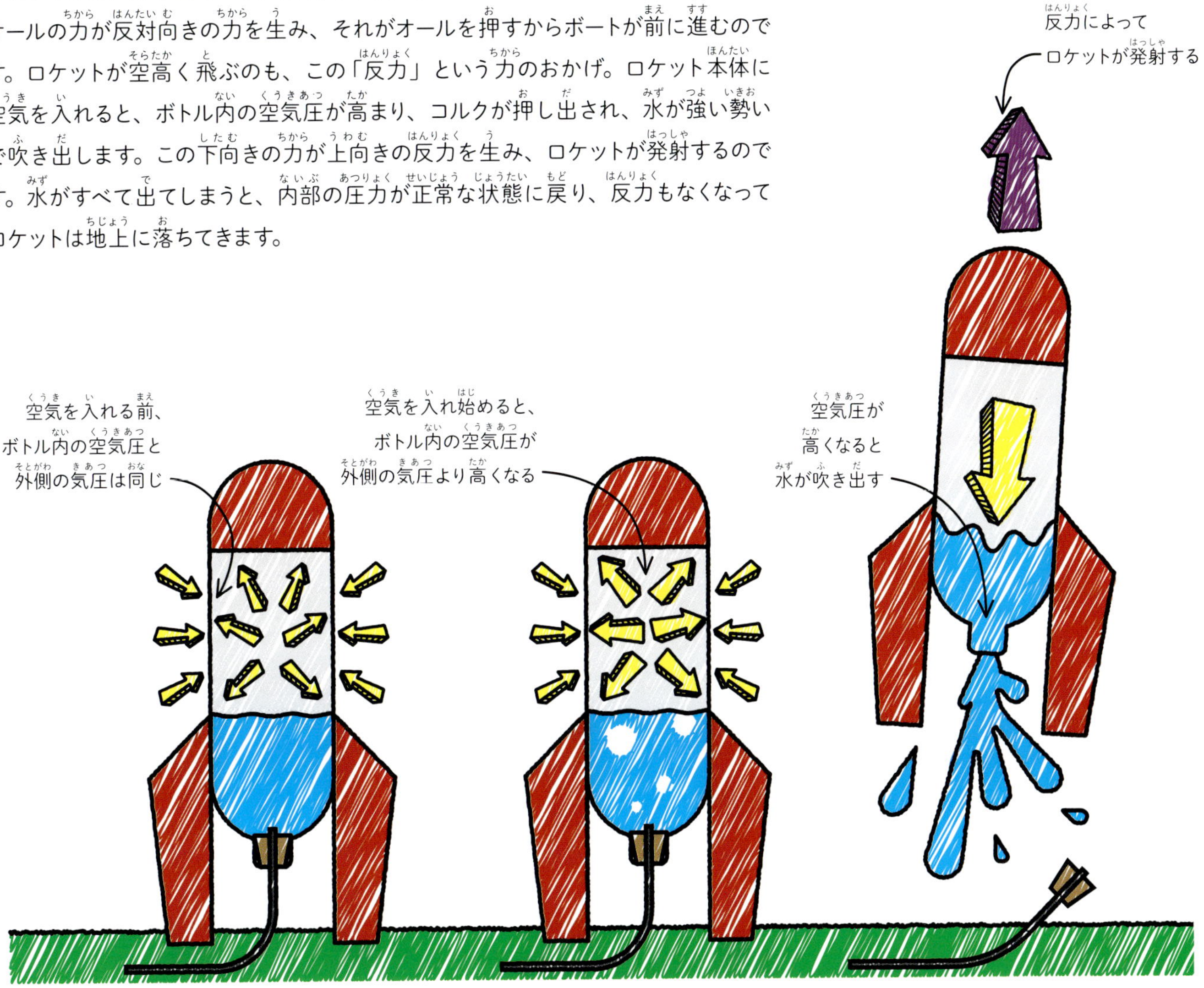

空気《くうき》を入《い》れる前《まえ》、
ボトル内《ない》の空気圧《くうきあつ》と
外側《そとがわ》の気圧《きあつ》は同《おな》じ
空気《くうき》を入《い》れ始《はじ》めると、
ボトル内《ない》の空気圧《くうきあつ》が
外側《そとがわ》の気圧《きあつ》より高《たか》くなる
空気圧《くうきあつ》が
高《たか》くなると
水《みず》が吹《ふ》き出《だ》す
反力《はんりょく》によって
ロケットが発射《はっしゃ》する

現実世界《げんじつせかい》では？

ロケット燃料《ねんりょう》

本物《ほんもの》の宇宙《うちゅう》ロケットも、この水《みず》ロケットと仕組《しく》みは同《おな》じ。ただ、ロケット内部《ないぶ》の圧力《あつりょく》を高《たか》くするのは、自転車《じてんしゃ》の空気入《くうきい》れではなく、ロケット燃料《ねんりょう》を使《つか》います。すばやく燃《も》えて、大量《たいりょう》のガスを生《う》み出《だ》します。新《あたら》しいガスが作《つく》られると、すでにあるガスが押《お》し出《だ》され、ロケットが勢《いきお》いよく発射《はっしゃ》するのです。

空気砲《くうきほう》

この空気砲《くうきほう》があれば、空気《くうき》を動《うご》かす力《ちから》を手《て》に入《い》れられるんだよ。段《だん》ボールで作《つく》る円形《えんけい》のハンドルを手前《てまえ》に引《ひ》き、ぱっと離《はな》すと、ビニールシートが前《まえ》に動《うご》いて、箱前面《はこぜんめん》の穴《あな》から一気《いっき》に空気《くうき》が吹《ふ》き出《だ》します。どこから打《う》てば、プラスチック植木鉢《うえきばち》のタワーを倒《たお》せるかな？　木《こ》の葉《は》を揺《ゆ》らすには？　友《とも》だちの髪《かみ》をなびかせるには？　うまく作《つく》れたら、もっと大《おお》きくて強力《きょうりょく》な空気砲《くうきほう》にする方法《ほうほう》を考《かんが》えてみよう。

プラスチック植木鉢《うえきばち》のタワーが倒《たお》れるくらいの突風《とっぷう》が吹《ふ》き出《だ》すよ！

空気《くうき》を通《とお》り抜《ぬ》けて

離《はな》れたところから空気《くうき》を動《うご》かす、これは簡単《かんたん》なことじゃないよね。だって、間《あいだ》にある空気《くうき》が邪魔《じゃま》するんだから。空気砲《くうきほう》から勢《いきお》いよく放《はな》たれる空気《くうき》は、たちまちエネルギーを失《うしな》って、速度《そくど》も落《お》ちるのですが、完全《かんぜん》に止《と》まる前《まえ》にまわりの空気《くうき》を引《ひ》っ張《ぱ》り込《こ》んで、その空気《くうき》にエネルギーを伝《つた》えるのです。そして、目《め》には見《み》えないけど、回転《かいてん》した空気《くうき》の輪《わ》「渦輪《うずわ》（ボルテックス・リング）」を作《つく》って、前《まえ》へ進《すす》みます。

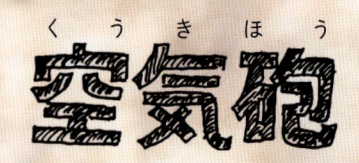

霧《きり》が深《ふか》い日《ひ》だと
渦《うず》輪《わ》が見《み》えるかも！

空気砲《くうきほう》の作《つく》り方《かた》

この実験《じっけん》では、空気砲《くうきほう》のハンドル部分《ぶぶん》をかなりの力《ちから》で引《ひ》っ張《ぱ》るので、強力《きょうりょく》な粘着《ねんちゃく》テープを用意《ようい》してね。空気砲《くうきほう》を使《つか》う前《まえ》に、接着剤《せっちゃくざい》を使《つか》った部分《ぶぶん》をしっかり乾《かわ》かすことも大事《だいじ》だよ！

時間《じかん》
45分《ふん》＋乾燥時間《かんそうじかん》

難易度《なんいど》
☆☆☆

準備《じゅんび》するもの

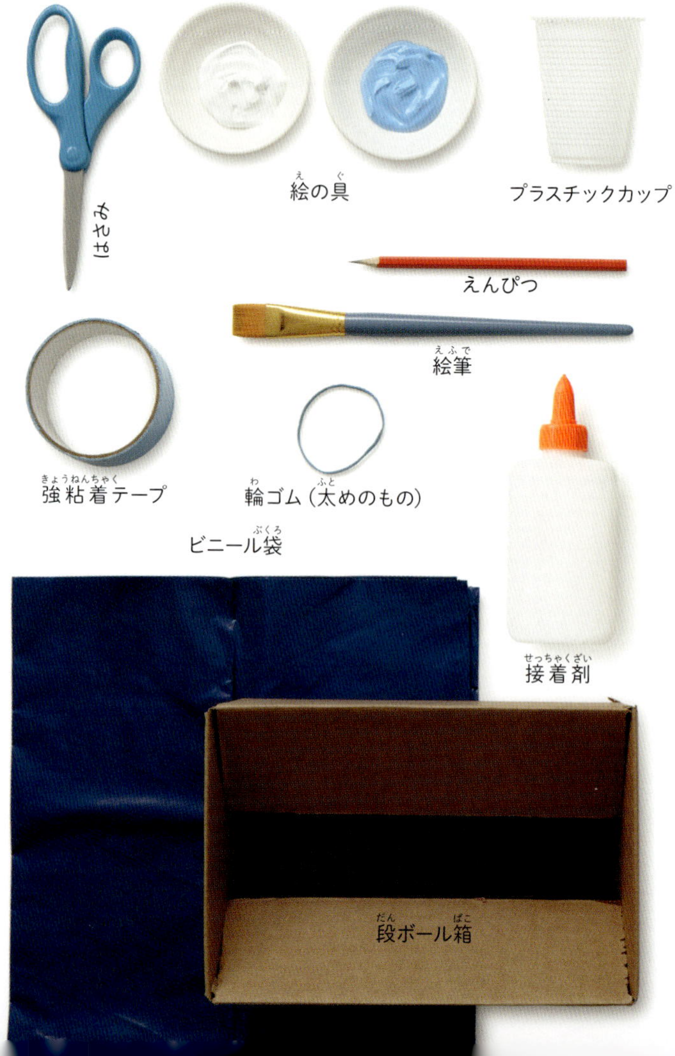
はさみ
絵《え》の具《ぐ》
プラスチックカップ
えんぴつ
絵筆《えふで》
強粘着《きょうねんちゃく》テープ
輪《わ》ゴム（太《ふと》めのもの）
ビニール袋《ぶくろ》
接着剤《せっちゃくざい》
段《だん》ボール箱《ばこ》

1 段《だん》ボール箱《ばこ》のフタ部分《ぶぶん》を4枚《まい》とも切《き》り取《と》ります。あとで使《つか》うので、捨《す》てずにとっておいてね。

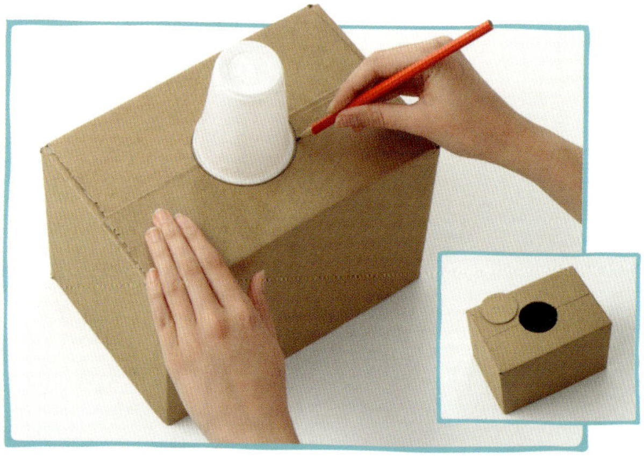

2 ひっくり返《かえ》した段《だん》ボール箱《ばこ》の真《ま》ん中《なか》に、プラスチックカップを逆《さか》さまに置《お》きます。カップのふちに沿《そ》ってなぞったら、切《き》り取《と》って箱《はこ》に穴《あな》をあけます。難《むずか》しかったら大人《おとな》の人《ひと》に手伝《てつだ》ってもらいましょう。

3 切《き》り取《と》った円《えん》をテンプレートにして、手順《てじゅん》1で切《き》り取《と》ったフタ部分《ぶぶん》に手順《てじゅん》2と同様《どうよう》にして4つの円《えん》を書《か》き、切《き》り取《と》ります。全部《ぜんぶ》で4つの円形段《えんけいだん》ボールができました。

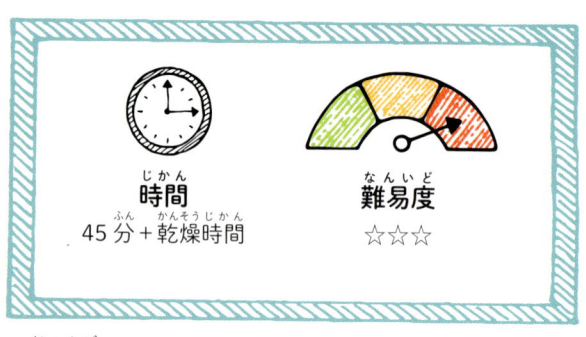

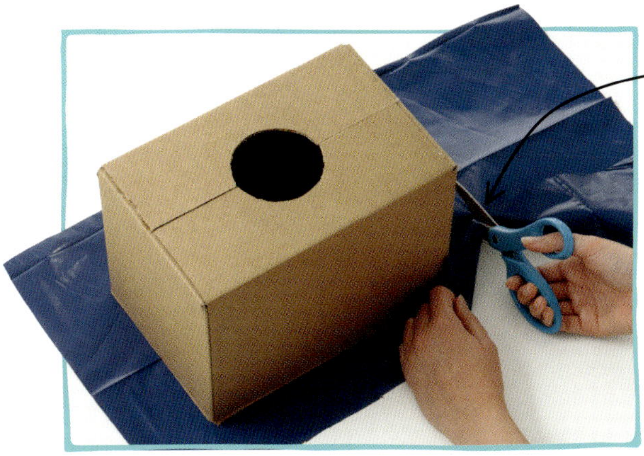
箱《はこ》のまわりに
余白《よはく》を取《と》る

4 ビニール袋《ぶくろ》の上《うえ》に段《だん》ボール箱《ばこ》を置《お》き、箱《はこ》のまわりを 10cm ほど残《のこ》してビニール袋《ぶくろ》を切《き》り取《と》り、シート状《じょう》にします。

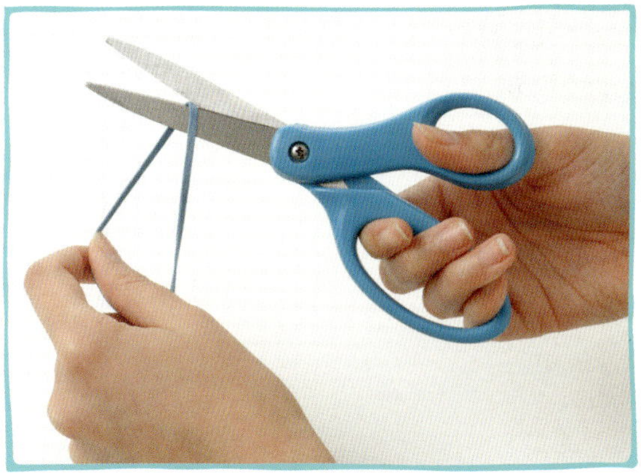

5 輪《わ》ゴムは、空気砲《くうきほう》を打《う》つときのエネルギーを溜《た》めるのに使《つか》います。1 か所《しょ》を切《き》って、1 本《ぽん》のひも状《じょう》にします。

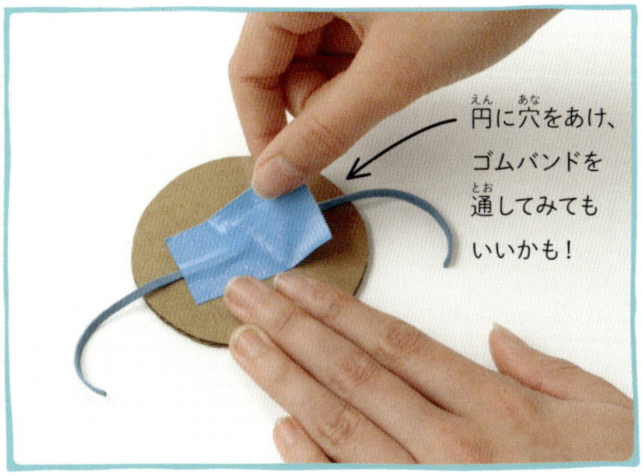
円《えん》に穴《あな》をあけ、
ゴムバンドを
通《とお》してみても
いいかも！

6 輪《わ》ゴムを円形段《えんけいだん》ボール 1 枚《まい》の真《ま》ん中《なか》にテープで貼《は》ります。かなり強《つよ》い力《ちから》で引《ひ》っ張《ぱ》るので、しっかり固定《こてい》してね。

7 手順《てじゅん》 6 の円形段《えんけいだん》ボールをビニールシートの真《ま》ん中《なか》に置《お》き、4 枚《まい》のテープで貼《は》りつけます。

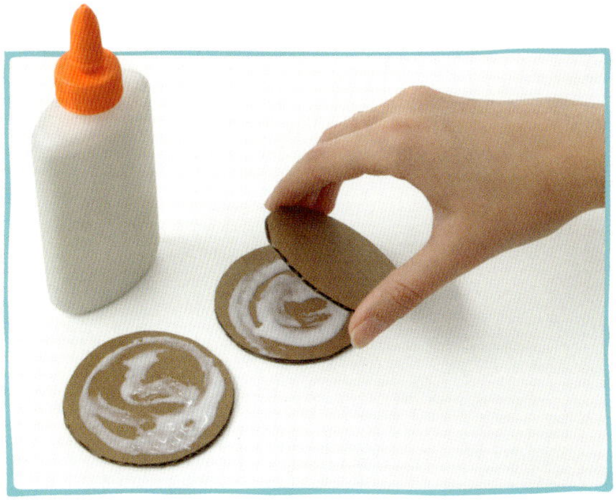

8 残《のこ》りの円形段《えんけいだん》ボール 3 枚《まい》を積《つ》み重《かさ》ね、接着剤《せっちゃくざい》で貼《は》り合《あ》わせます。よく乾《かわ》かしてね！

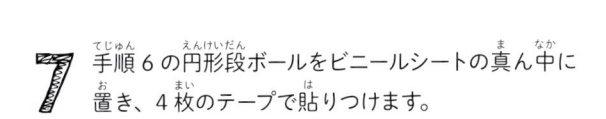

9 ビニールシートをひっくり返《かえ》し、円形段《えんけいだん》ボールを貼《は》り合《あ》わせたもの（手順《てじゅん》8）を真《ま》ん中《なか》に接着剤《せっちゃくざい》でくっつけます。反対側《はんたいがわ》の円《えん》とぴったり重《かさ》なるようにね。これが空気砲《くうきほう》を打《う》つハンドルになるよ。

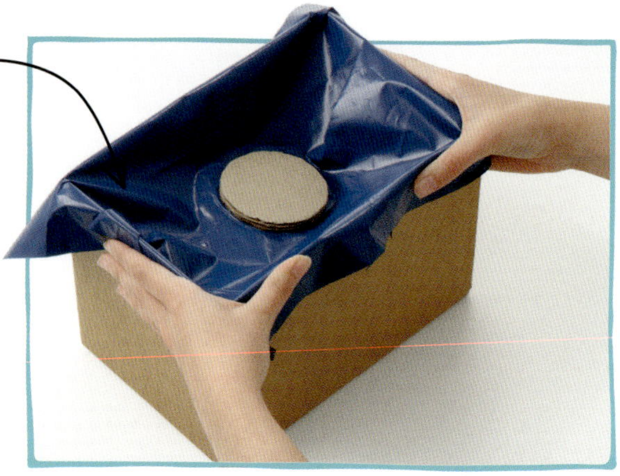

10 段《だん》ボール箱《ばこ》を穴《あな》を下《した》に向《む》けて置《お》き、上《うえ》からビニールシートをかぶせます。積《つ》み重《かさ》ねた円形《えんけい》段《だん》ボールを貼《は》った方《ほう》が上《うえ》です。シートの真《ま》ん中部分《なかぶぶん》を箱《はこ》の中《なか》に沈《しず》み込《こ》ませます。

11 ビニールシートの端《はし》を段《だん》ボール箱《ばこ》のふちにテープで貼《は》りつけます。ビニールシートは沈《しず》ませたままだよ。

12 箱《はこ》をひっくり返《かえ》します。穴《あな》に手《て》を突《つ》っ込《こ》み、輪《わ》ゴムの両端《りょうたん》を引《ひ》っ張《ぱ》り出《だ》して、箱《はこ》の外側《そとがわ》にテープでとめます。

13 箱《はこ》に好《す》きな色《いろ》を塗《ぬ》ろう！写真《しゃしん》では青空《あおぞら》っぽくしてみたよ。青色《あおいろ》がしっかり乾《かわ》いてから白色《しろいろ》を塗《ぬ》ってね。

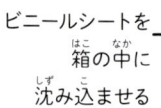

14 では、空気砲《くうきほう》を打《う》ってみよう！ 落《お》ち葉《ば》やプラスチックカップなどの標的《ひょうてき》に向《む》け、円形段《えんけいだん》ボールのハンドルを強《つよ》く引《ひ》っ張《ぱ》ってから、パッと離《はな》します。人《ひと》の顔《かお》に向《む》けちゃダメだよ。

ハンドルを離《はな》すと、
輪《わ》ゴムによって
ビニールシートが前《まえ》に引《ひ》っ張《ぱ》られ、
渦輪《うずわ》ができる

どうしてこうなるの?

円形段《えんけいだん》ボールのハンドル部分《ぶぶん》を引《ひ》っ張《ぱ》ると、そのエネルギーが伸《の》びた輪《わ》ゴムに蓄《たくわ》えられます。ハンドルを離《はな》すと、輪《わ》ゴムが蓄《たくわ》えたエネルギーが解放《かいほう》され、ビニールシートが前《まえ》に押《お》し出《だ》されます。ビニールシートのすばやい動《うご》きが、箱内部《はこないぶ》の空気《くうき》にエネルギーを受《う》け渡《わた》し、それによって生《う》み出《だ》された突風《とっぷう》が穴《あな》から吹《ふ》き出《だ》します。この突風《とっぷう》が、箱《はこ》の前《まえ》の静止《せいし》した空気《くうき》を押《お》しのけるのですが、通過《つうか》するときにその一部《いちぶ》を引《ひ》っ張《ぱ》り込《こ》み、まわりの空気《くうき》を回転《かいてん》させて、「渦輪《うずわ》」のかたちとなるのです。

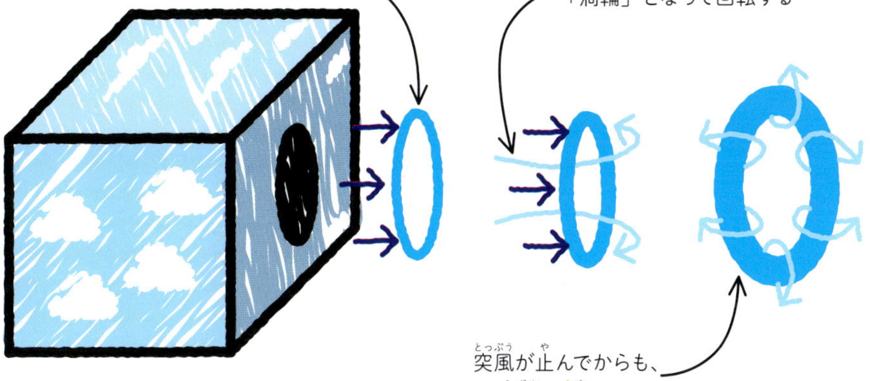
ビニールシートが前《まえ》に動《うご》き、
箱前面《はこぜんめん》の穴《あな》から
突風《とっぷう》が吹《ふ》き出《で》る
空気《くうき》が前進《ぜんしん》するときに
まわりの空気《くうき》を引《ひ》っ張《ぱ》り込《こ》み、
「渦輪《うずわ》」となって回転《かいてん》する
突風《とっぷう》が止《や》んでからも、
しばらく渦輪《うずわ》は動《うご》いている

現実世界《げんじつせかい》では?

自然界《しぜんかい》の渦輪《うずわ》

渦輪《うずわ》は、液体《えきたい》や気体《きたい》などの流体《りゅうたい》に発生《はっせい》させられますが、自然《しぜん》に作《つく》られることもあります。たとえば、開口部《かいこうぶ》が円形《えんけい》の火山《かざん》が、蒸気《じょうき》とガスからなる煙《けむり》の輪《わ》（渦輪《うずわ》）を吐《は》き出《だ》すことがあります。この渦輪《うずわ》は火山内部《かざんないぶ》で上昇《じょうしょう》する熱風《ねっぷう》によって作《つく》られているので、上《うえ》に向《む》かって流《なが》れていきます。イルカも、水中《すいちゅう》で空気《くうき》を吐《は》き出《だ》して渦輪《うずわ》を作《つく》り、自分《じぶん》で追《お》いかけて楽《たの》しんでいます。

磁力《じりょく》

この実験《じっけん》では、針《はり》に磁気《じき》を帯《お》びさせることで磁石《じしゃく》にします。自由《じゆう》に回転《かいてん》する磁石《じしゃく》というのは、片方《かたほう》が北《きた》を、もう一方《いっぽう》が南《みなみ》を指《さ》します。これは、地球《ちきゅう》も1つの大《おお》きな磁石《じしゃく》だからだよ！ 片方《かたほう》の「極《きょく》」が北極《ほっきょく》の近《ちか》くに、もう一方《いっぽう》の「極《きょく》」が南極《なんきょく》の近《ちか》くにあります。

キャンプやトレッキングに
磁針《じしん》を持《も》っていくと、
いつでも方角《ほうがく》を調《しら》べられるね！

まち針《ばり》コンパス

衛星《えいせい》ナビゲーション・システムが発明《はつめい》されるまで、人々《ひとびと》が方角《ほうがく》を知《し》るにはコンパス（方位磁石《ほういじしゃく》）が頼《たの》みの綱《つな》だったんだ。コンパスについている針《はり》が、地球《ちきゅう》の磁場《じば》に合《あ》わせて北《きた》か南《みなみ》を指《さ》し示《しめ》すのです。まち針《ばり》、プラスチックカップ、プラスチックのふたを使《つか》ってコンパスを作《つく》ってみよう。ただし、まち針《ばり》を磁針《じしん》として使《つか》うには、磁気《じき》を帯《お》びさせなくちゃいけないよ。

円盤状《えんばんじょう》のプラスチックを
水《みず》に浮《う》かべると、
磁針《じしん》が自由《じゆう》に回転《かいてん》できる

まち針《ばり》コンパス の作《つく》り方《かた》

コンパスでいちばん重要《じゅうよう》なのは磁針《じしん》です。この実験《じっけん》ではまち針《ばり》を使《つか》うけど、針《はり》やペーパークリップの先《さき》など、鋼《はがね》でできた細《ほそ》いものなら何《なん》でもいいよ。磁針《じしん》が南北《なんぼく》を指《さ》し示《しめ》すよう、磁石《じしゃく》を使《つか》って磁気《じき》を帯《お》びさせます。

時間《じかん》
20分《ぶん》

難易度《なんいど》
☆☆

準備《じゅんび》するもの

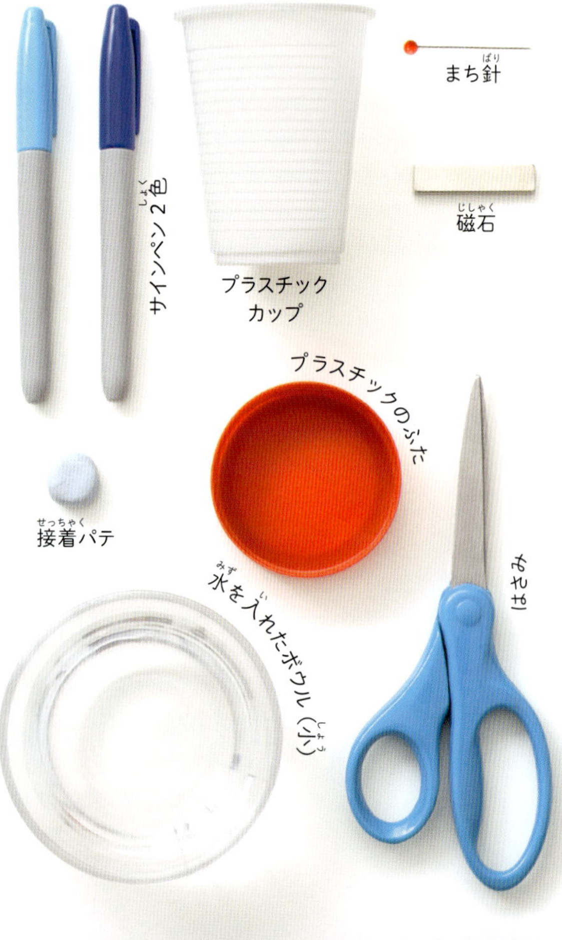

サインペン2色《しょく》
プラスチックカップ
まち針《ばり》
磁石《じしゃく》
プラスチックのふた
接着《せっちゃく》パテ
水《みず》を入《い》れたボウル（小《しょう》）
はさみ

カップを切《き》り取《と》るときは
大人《おとな》の人《ひと》に
手伝《てつだ》ってもらおう

1 プラスチックカップの底《そこ》をはさみで切《き》り取《と》ります。この円盤部分《えんばんぶぶん》を水《みず》に浮《う》かべて、磁針《じしん》が自由《じゆう》に回転《かいてん》できるようにするんだよ。

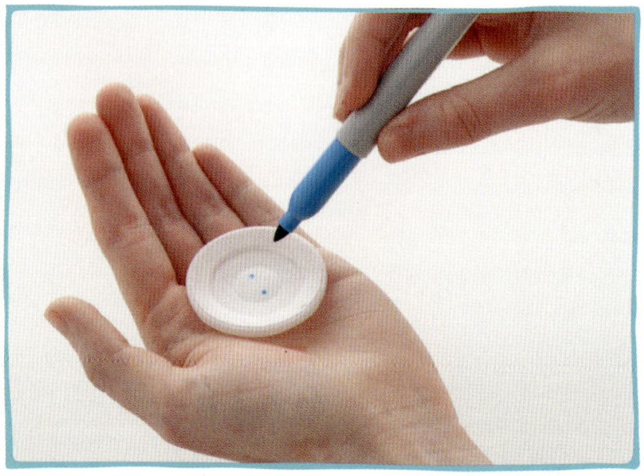

2 ペンで、円盤《えんばん》の中心《ちゅうしん》から左右《さゆう》１ｃｍのところに２つの点《てん》を書《か》き入《い》れます。

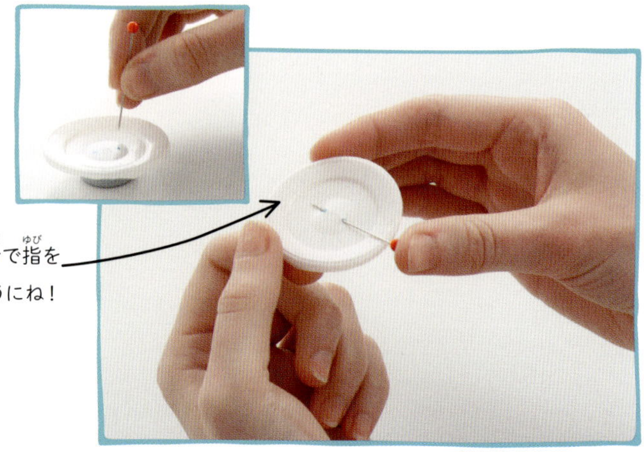

針《はり》で指《ゆび》を
刺《さ》さないようにね！

3 円盤《えんばん》を接着《せっちゃく》パテの上《うえ》に置《お》き、まち針《ばり》を２つの点《てん》に刺《さ》します。１つの穴《あな》の上《うえ》から刺《さ》し、もう１つの穴《あな》の下《した》から出《だ》します。

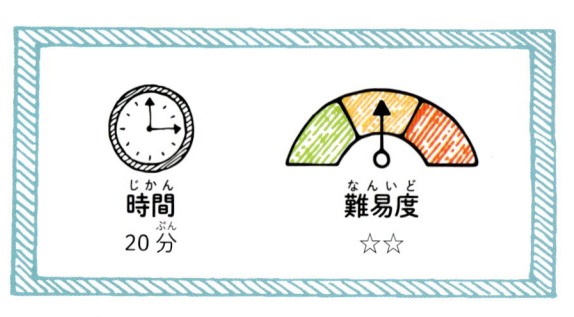

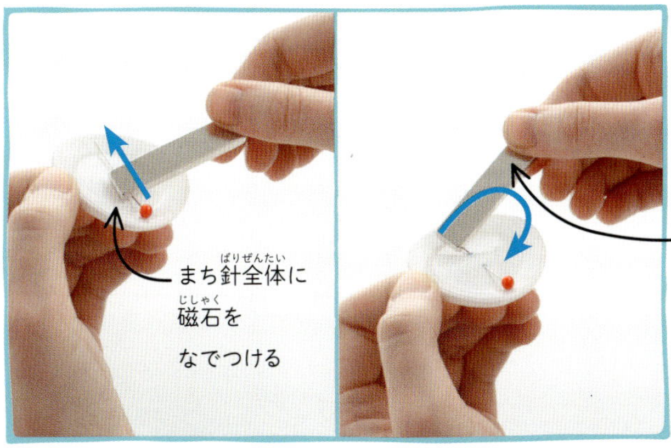
まち針全体《ばりぜんたい》に
磁石《じしゃく》を
なでつける
端《はし》にきたら
必《かなら》ず磁石《じしゃく》を
離《はな》してね

4 まち針《ばり》に磁気《じき》を帯《お》びさせて磁針《じしん》にします。磁石《じしゃく》で針《はり》の上側《うえがわ》から下側《したがわ》に向《む》けて全体《ぜんたい》をなでつけるように、40 ～ 50 回《かい》ほど滑《すべ》らせます。針《はり》の下《した》まできたら磁石《じしゃく》を一度離《いちどはな》して、一方向《いちほうこう》に動《うご》かします。磁石《じしゃく》は同《おな》じ面《めん》を使《つか》ってね。

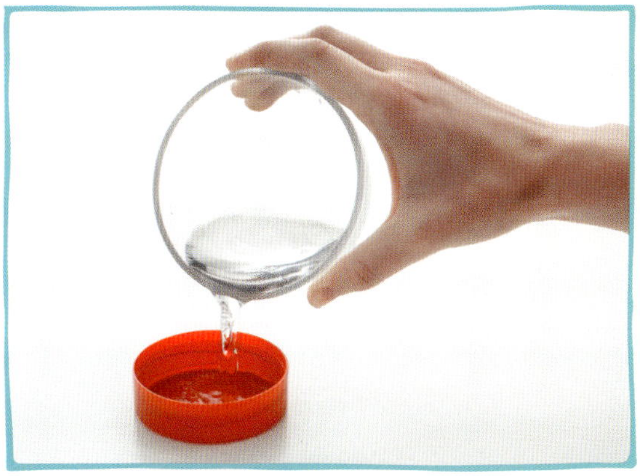

5 プラスチックのふたにボウルの水《みず》を注《そそ》ぎ入《い》れます。円盤《えんばん》がぷかぷか浮《う》くくらいの深《ふか》さにしてね。

磁針《じしん》の
片側《かたがわ》が北《きた》を、
反対側《はんたいがわ》が南《みなみ》を
指《さ》し示《しめ》す

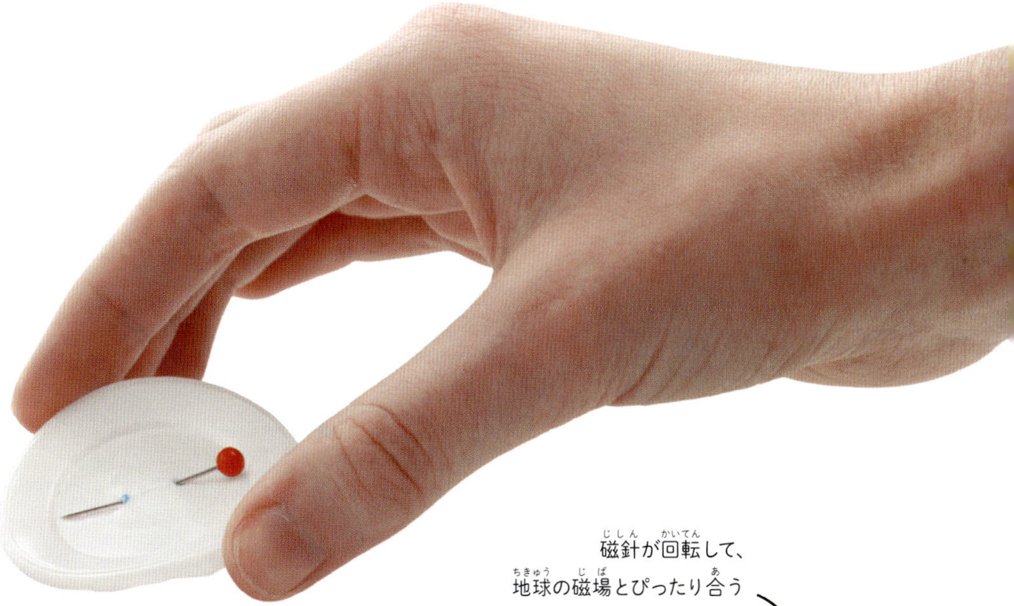

6 円盤《えんばん》を水面《すいめん》に浮《う》かべます。針《はり》が回転《かいてん》しないなら、磁気《じき》が足《た》りていません。磁石《じしゃく》をさらに数回《すうかい》なでつけます。

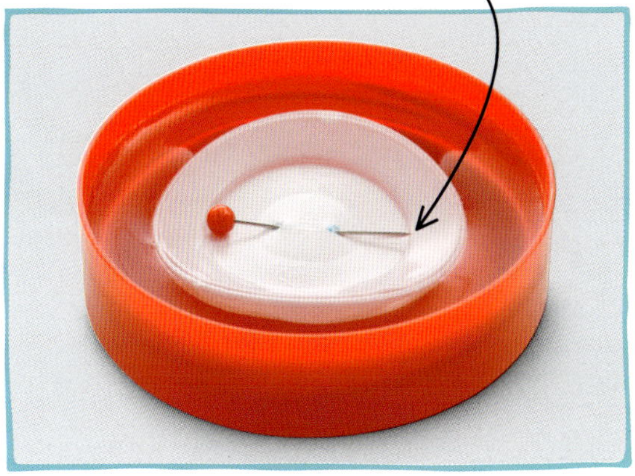
磁針《じしん》が回転《かいてん》して、
地球《ちきゅう》の磁場《じば》とぴったり合《あ》う

7 コンパスを置《お》く場所《ばしょ》は、強《つよ》い風《かぜ》があたるところや、電気製品《でんきせいひん》や大《おお》きな金属性《きんぞくせい》の物《もの》のそばは避《さ》けてね。

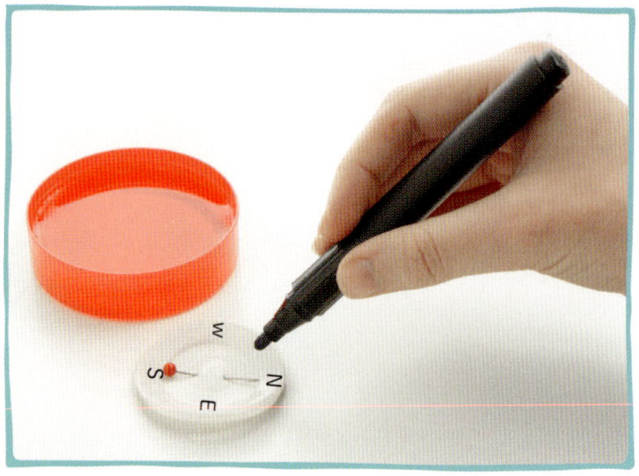

8 針《はり》のどちらが北《きた》で、どちらが南《みなみ》かがまだわからないよね。スマートフォンで調《しら》べるか大人《おとな》の人《ひと》に聞《き》き、北《きた》の方角《ほうがく》がわかったら、円盤《えんばん》に北《きた》（N）、東《ひがし》（E）、南《みなみ》（S）、西《にし》（W）を書《か》き入《い》れます。

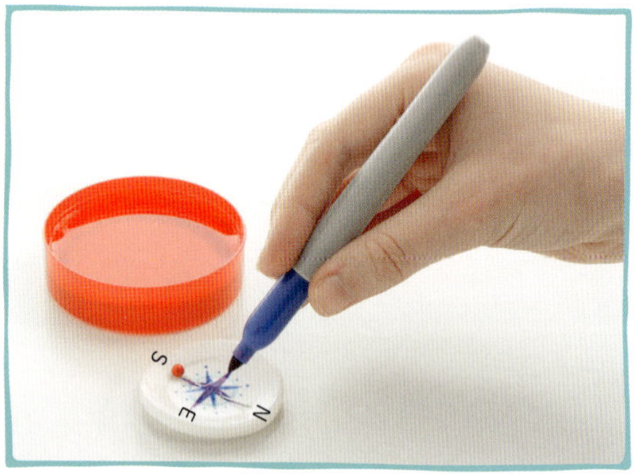

9 4つの方角《ほうがく》を書《か》き入《い》れたら、羅針図《らしんず》（コンパスローズ）を参考《さんこう》にして円盤《えんばん》に模様《もよう》をつけましょう。

こんなアレンジも!

磁気《じき》を帯《お》びた針《はり》さえあれば、プラスチックの円盤《えんばん》が見《み》つからなくても、葉《は》っぱを浮《う》かべてコンパスとして使《つか》えるよ。どちらが北《きた》か南《みなみ》かだけ確認《かくにん》してね！　そのほかにも、コルク、ポリスチレン、ペットボトルのキャップ……水《みず》に浮《う》かぶ物《もの》ならなんでも大丈夫《だいじょうぶ》。それともう1つ、浮《う》かんでいる磁針《じしん》のそばに磁石《じしゃく》を近《ちか》づけてみて。何《なに》が起《お》こるかな？

磁針《じしん》が北《きた》か南《みなみ》を指《さ》し示《しめ》す。
写真《しゃしん》では針《はり》の先《さき》が北向《きたむ》きだけど、
きみのは南向《みなみむ》きかもね！

10 これでコンパスの完成《かんせい》！　いつでも磁針《じしん》に磁気《じき》を帯《お》びさせられるよう、磁石《じしゃく》はそばに置《お》いておこう。

どうしてこうなるの?

すべての磁石《じしゃく》には、「磁場《じば》」と磁場《じば》が最《もっと》も強《つよ》くなる２つの「極《きょく》」があります。磁針《じしん》は「磁区《じく》」という小《ちい》さな結晶《けっしょう》がたくさん集《あつ》まった鋼《はがね》でできています。ひとつひとつの磁区《じく》も小《ちい》さな磁石《じしゃく》ですが、ふつうは入《い》り乱《みだ》れているので磁場《じば》が発生《はっせい》しません。でも、針《はり》に磁石《じしゃく》をなでつけると、すべての磁区《じく》が一列《いちれつ》に並《なら》び、同《おな》じ方向《ほうこう》を向《む》くので、磁場《じば》が発生《はっせい》するのです。

磁気《じき》を帯《お》びていない鋼《はがね》

磁区《じく》（青《あお》い矢印《やじるし》）が入《い》り乱《みだ》れ、いろんな方向《ほうこう》を向《む》いている

磁場《じば》が発生《はっせい》していない鋼《はがね》
磁区《じく》がいろんな方向《ほうこう》を
向《む》いているため、
磁場《じば》が発生《はっせい》しない

磁気《じき》を帯《お》びた鋼《はがね》

磁石《じしゃく》を針《はり》になでつけると、磁区《じく》（青《あお》い矢印《やじるし》）が同《おな》じ方向《ほうこう》を向《む》く

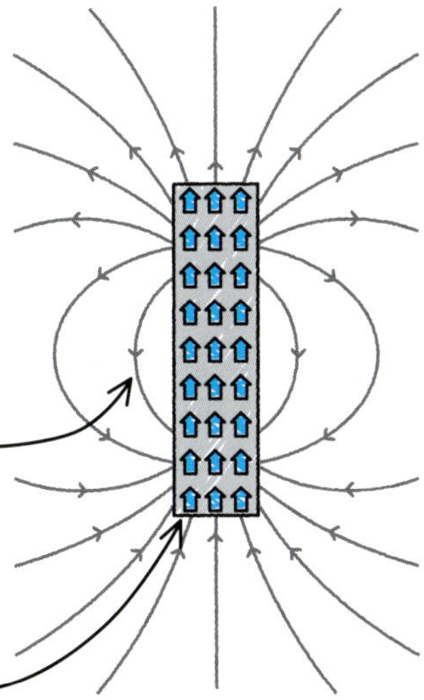

磁場《じば》が
発生《はっせい》した鋼《はがね》
すべての磁区《じく》が
同《おな》じ方向《ほうこう》を向《む》き、
磁場《じば》が発生《はっせい》する

地球《ちきゅう》の磁場《じば》

地球《ちきゅう》のコア（核《かく》）は溶融鉄《ようゆうてつ》（液体《えきたい》になった鉄《てつ》）でできており、大《おお》きな磁場《じば》を持《も》つ強《つよ》い磁石《じしゃく》のようなはたらきをします。ほかの磁石《じしゃく》と同《おな》じで２つの極《きょく》があり、１つは北極《ほっきょく》のそばに、もう１つは南極《なんきょく》のそばにあります。まち針《ばり》に磁気《じき》を帯《お》びさせてできた２つの極《きょく》は、N極《きょく》が地球《ちきゅう》の北磁極《ほくじきょく》に、S極《きょく》が南磁極《なんじきょく》に引《ひ》きつけられ、地球《ちきゅう》の磁場《じば》とぴったり合《あ》うのです。

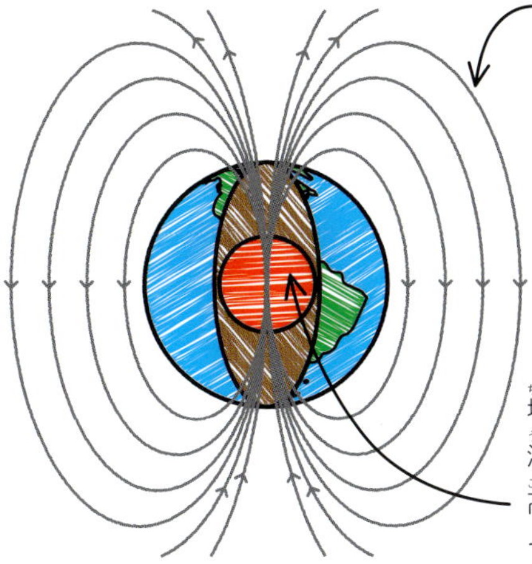

地球《ちきゅう》の磁場《じば》は、
太陽《たいよう》がもたらす
有害粒子《ゆうがいりゅうし》から
わたしたちを
守《まも》ってくれる
地球《ちきゅう》のコアは、
渦《うず》を巻《ま》いた
高温《こうおん》の溶融鉄《ようゆうてつ》で
できている

現実世界《げんじつせかい》では?

動物《どうぶつ》の磁気《じき》コンパス

多《おお》くの動物《どうぶつ》は、磁針《じしん》のような金属製《きんぞくせい》の針《はり》ではないものの、体内《たいない》に磁気《じき》コンパス機能《きのう》を持《も》っています。とても小《ちい》さな器官《きかん》で地球《ちきゅう》の磁場《じば》を発見《はっけん》し、方角《ほうがく》を知《し》るのです。ハトも磁気感覚《じきかんかく》にすぐれているので、長距離《ちょうきょり》を飛《と》びながら自分《じぶん》の住《す》みかに戻《もど》ることができます。

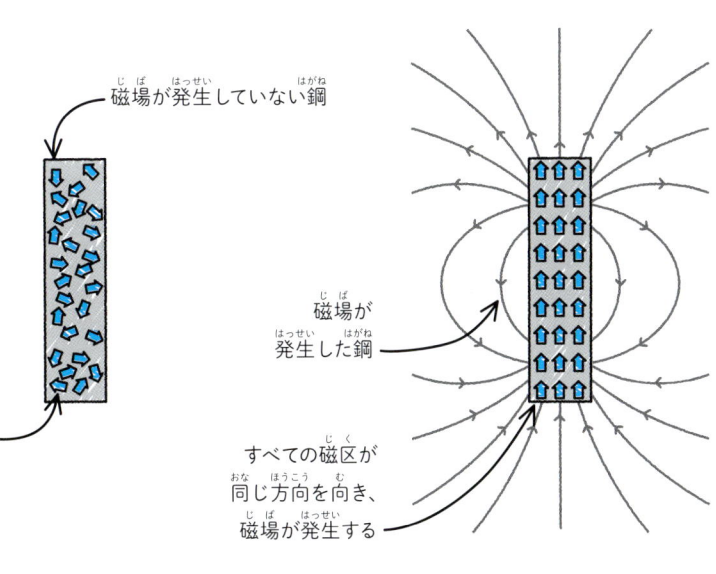

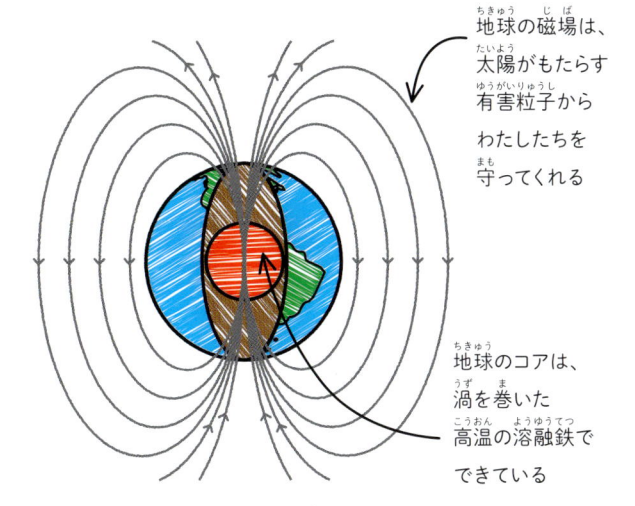

きらきらジオード

地球《ちきゅう》の内部《ないぶ》や地面《じめん》を研究《けんきゅう》する科学者《かがくしゃ》のことを「地質《ちしつ》学者《がくしゃ》」っていうんだけど、彼《かれ》らの仕事《しごと》はときとして、すばらしい驚《おどろ》きに満《み》ちているんだよ。岩《いわ》をこじ開《あ》けたら空洞《くうどう》があって、とってもきれいな結晶《けっしょう》がたくさん見《み》つかることがあるからね。そんな岩《いわ》を「ジオード（晶洞《しょうどう》）」というんだ。本物《ほんもの》は何千年《なんぜんねん》もかかって作《つく》られるけど、このきらきらジオードは、たった数日《すうじつ》でできちゃうよ！

卵《たまご》の殻《から》にできたジオード。
いろんな色《いろ》で作《つく》ってみよう！

カラフルな結晶《けっしょう》

岩《いわ》をこじ開《あ》ける代《か》わりに、卵《たまご》の殻《から》と食品着色料《しょくひんちゃくしょくりょう》、ミョウバンという化学物質《かがくぶっしつ》を使《つか》ってジオードを作《つく》ります。ミョウバンが卵《たまご》の殻《から》の表面《ひょうめん》に結晶《けっしょう》を作《つく》り、食品着色料《しょくひんちゃくしょくりょう》でカラフルな色合《いろあ》いにします。

結晶《けっしょう》の表面《ひょうめん》は平《たい》らなので、
光《ひかり》が当《あ》たるとキラキラ光《ひか》る
結晶《けっしょう》は卵《たまご》の殻《から》の
内側《うちがわ》で大《おお》きくなる。
へりのまわりに
できることもあるよ！
結晶《けっしょう》の色《いろ》は
食品着色料《しょくひんちゃくしょくりょう》の
色《いろ》で決《き》まる

きらきらジオードの作《つく》り方《かた》

ジオードを作《つく》る秘密成分《ひみつせいぶん》は「ミョウバン」という化学物質《かがくぶっしつ》です。薬局《やっきょく》やインターネットで手軽《てがる》に買《か》えるよ。少量《しょうりょう》のミョウバンを使《つか》うのはまったく問題《もんだい》ないけど、絶対口《ぜったいくち》には入《い》れないでね。使《つか》ったあとは必《かなら》ず手《て》を洗《あら》いましょう。

時間《じかん》
1 時間《じかん》
+ 24 時間《じかん》（結晶《けっしょう》を育《そだ》てる）

難易度《なんいど》
☆☆☆

注意《ちゅうい》
ミョウバンが目《め》や口《くち》に入《はい》らないように！

準備《じゅんび》するもの

150mlの温水《おんすい》が入《はい》ったカップ

ミョウバン

食品着色料《しょくひんちゃくしょくりょう》

接着剤《せっちゃくざい》

プラスチックカップ

ガラスボウル

絵筆《えふで》

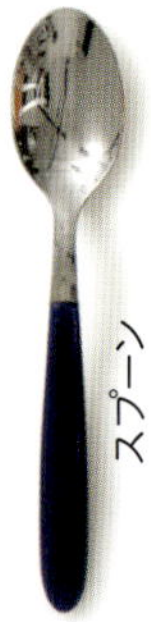
スプーン

卵《たまご》
キッチンペーパー
皿《さら》

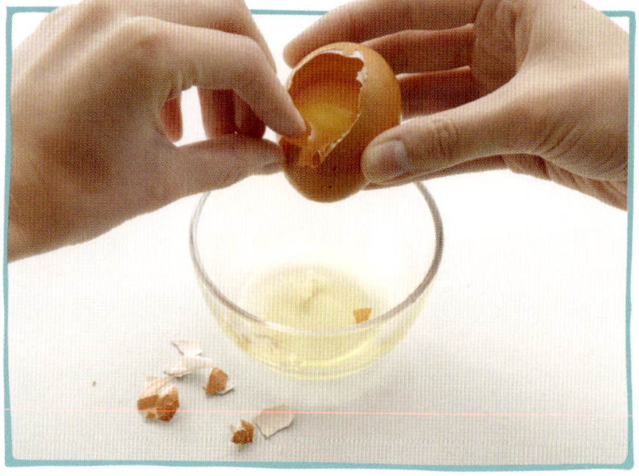

1 まずはじめに手《て》を洗《あら》いましょう。卵《たまご》をボウルのふちでそっと割《わ》り、ひびが入《はい》ったまわりの殻《から》をはがして穴《あな》を作《つく》ります。保護手袋《ほごてぶくろ》をはめた方《ほう》がいいかもね。

卵《たまご》の中身《なかみ》は料理《りょうり》に使《つか》おう！

2 卵《たまご》の中身《なかみ》をボウルに移《うつ》します。殻《から》をもう少《すこ》し割《わ》ると、内側《うちがわ》の薄皮《うすかわ》を取《と》り除《のぞ》けるはずだよ。

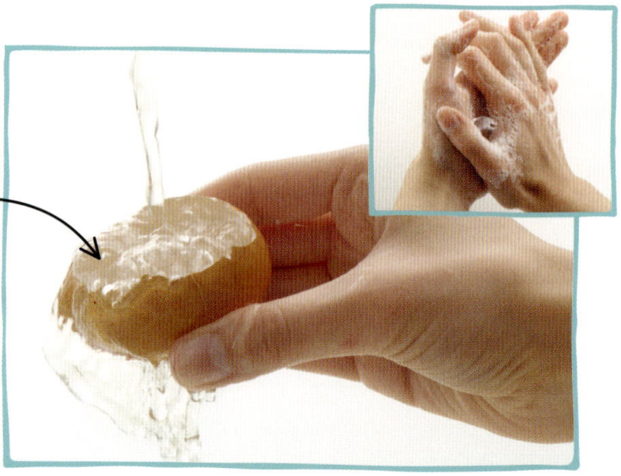
卵《たまご》の殻《から》が割《わ》れないように気《き》をつけて！

3 卵《たまご》の殻《から》を流水《りゅうすい》で洗《あら》い、薄皮《うすかわ》をできるだけ取《と》り除《のぞ》きます。もう一度《いちど》、手《て》を洗《あら》いましょう。

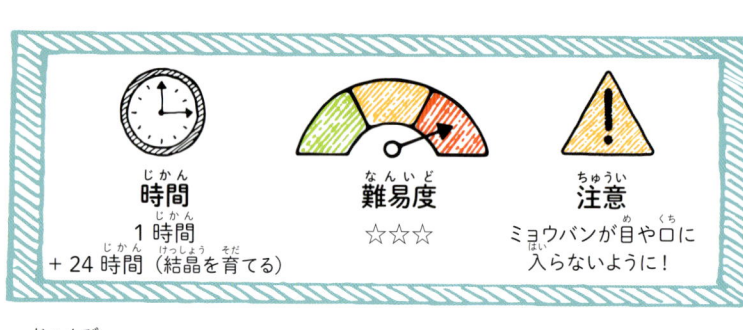

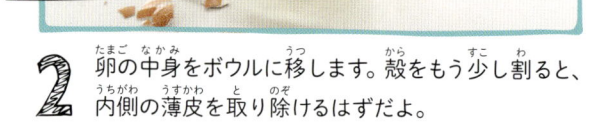

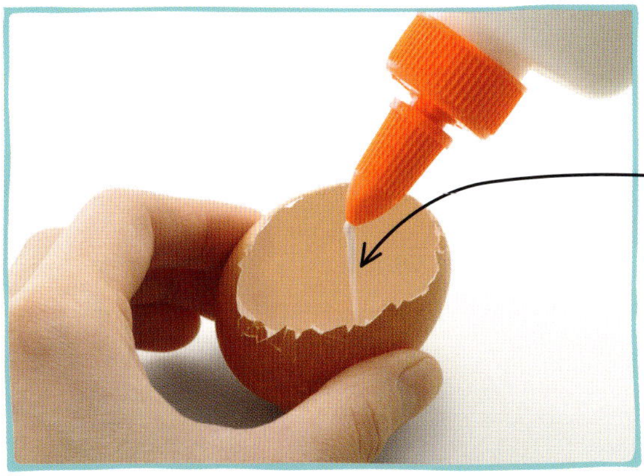

接着剤《せっちゃくざい》で表面《ひょうめん》を
べたべたにし、
ミョウバンを
くっつきやすくする

4 空《から》っぽのきれいな卵《たまご》の殻《から》の中《なか》に、接着剤《せっちゃくざい》を少《すこ》しだけ入《い》れます。

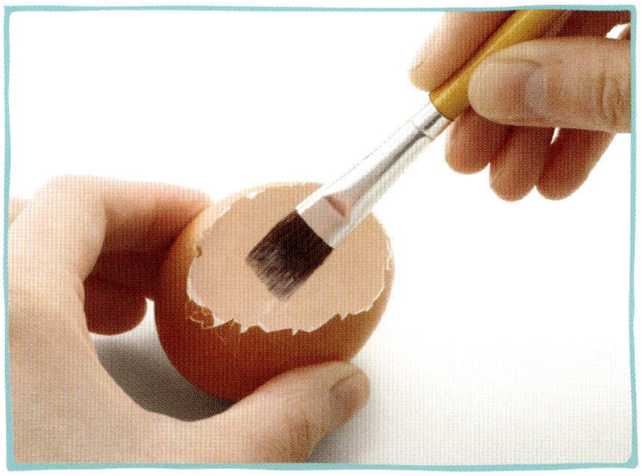

5 絵筆《えふで》を使《つか》い、接着剤《せっちゃくざい》を卵《たまご》の殻《から》の内側全体《うちがわぜんたい》にむらなく広《ひろ》げます。

6 スプーンを使《つか》い、卵《たまご》の殻《から》にミョウバンを振《ふ》り入《い》れます。くっつかなかったミョウバンは取《と》り出《だ》します。手袋《てぶくろ》をはめて作業《さぎょう》するか、ミョウバンを触《さわ》ったあとは手《て》をよく洗《あら》いましょう。

7 残《のこ》りのミョウバンを温水《おんすい》の中《なか》に少《すこ》しずつ入《い》れ、スプーンでかき混《ま》ぜます。溶《と》けきらなくなるまでくわえ、濃度《のうど》の高《たか》い溶液《ようえき》を作《つく》ります。

よく混《ま》ぜて、
ミョウバンを溶《と》かす

8 ミョウバン入《い》り溶液《ようえき》の中《なか》に食品着色料《しょくひんちゃくしょくりょう》をくわえ、しっかり色《いろ》をつけます。もう一度《いちど》、かき混《ま》ぜます。

9 ミョウバン入《い》り溶液《ようえき》をプラスチックカップに注《そそ》ぎ入《い》れます。卵《たまご》の殻《から》全体《ぜんたい》が浸《つ》かるくらいの深《ふか》さにしてね。

溶液《ようえき》を注《そそ》ぎ入《い》れると、固形《こけい》のミョウバンがカップに残《のこ》る

10 卵《たまご》の殻《から》をミョウバン入《い》り溶液《ようえき》に浸《ひた》します。スプーンでそっと押《お》し込《こ》み、卵《たまご》の殻《から》いっぱいに溶液《ようえき》が入《はい》るようにね。割《わ》れないように気《き》をつけて！

11 約《やく》24時間《じかん》、溶液《ようえき》に浸《つ》けたままにしておきます。温《あたた》かく乾燥《かんそう》した場所《ばしょ》がおすすめだよ。時間《じかん》が経《た》ったら、卵《たまご》の殻《から》をゆっくりと溶液《ようえき》から引《ひ》き上《あ》げます。

12 キッチンペーパーを敷《し》いた皿《さら》の上《うえ》にそっと置《お》きます。

13 よく見《み》て！　卵《たまご》の殻《から》に、小《ちい》さくてキラキラ光《ひか》る結晶《けっしょう》がたくさんできてるよね！

殻《から》の内側《うちがわ》や
割《わ》れ目《め》のまわりに
結晶《けっしょう》ができる

残《のこ》ったミョウバン入《い》り溶液《ようえき》は捨《す》て、**手《て》を洗《あら》いましょう**

どうしてこうなるの？

ミョウバンは水《みず》に溶《と》けると、「イオン」という小《ちい》さなパーツに分解《ぶんかい》されて水《みず》と混《ま》ざります。水《みず》に溶《と》かした食品着色料《しょくひんちゃくしょくりょう》もイオンとして存在《そんざい》しています。これら２種類《しゅるい》のイオンがぶつかったり、くっついたりすることで、固体《こたい》の結晶《けっしょう》になります。規則的《きそくてき》に並《なら》び、結晶《けっしょう》の独特《どくとく》のかたちを作《つく》り出《だ》します。

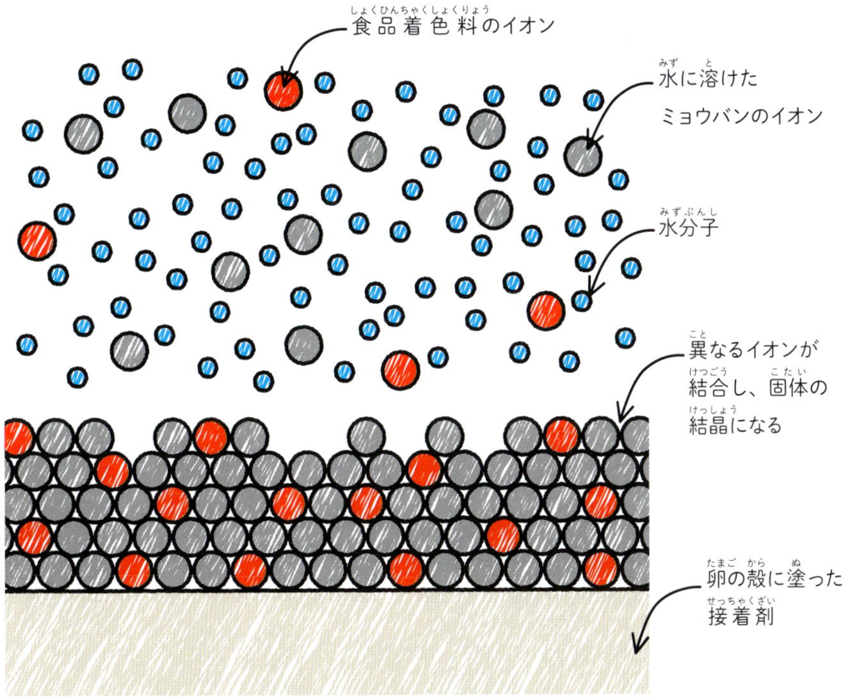
食品着色料《しょくひんちゃくしょくりょう》のイオン
水《みず》に溶《と》けた
ミョウバンのイオン
水分子《みずぶんし》
異《こと》なるイオンが
結合《けつごう》し、固体《こたい》の
結晶《けっしょう》になる
卵《たまご》の殻《から》に塗《ぬ》った
接着剤《せっちゃくざい》

現実世界《げんじつせかい》では？

本物《ほんもの》のジオード

ジオードは岩石《がんせき》の空洞《くうどう》の中《なか》にできます。この空洞《くうどう》ができる原因《げんいん》は、火山《かざん》から流《なが》れ出《で》る溶岩《ようがん》に大《おお》きな気泡《きほう》が含《ふく》まれているから。溶岩《ようがん》が固《かた》まって岩《いわ》になるときに、これらの気泡《きほう》が閉《と》じ込《こ》められるのです。地面《じめん》から染《し》み出《だ》した水《みず》に鉱物《こうぶつ》が溶《と》けると、これらの鉱物《こうぶつ》が空洞《くうどう》の中《なか》で結晶化《けっしょうか》し、こんなにも美《うつく》しいジオードが作《つく》られるのです。

緯度《いど》ロケーターを使《つか》うには、
夜間《やかん》に外《そと》に出《で》て、
目印《めじるし》となる星《ほし》や星座《せいざ》を見《み》つけます。
世界《せかい》のどこにいるかで
目印《めじるし》にする星《ほし》は異《こと》なるよ。

緯度《いど》ロケーター

昔《むかし》の船乗《ふなの》りは、星《ほし》を頼《たよ》りに地球上《ちきゅうじょう》のどこにいるかを把握《はあく》していたんだよ。彼《かれ》らが発明《はつめい》したシステムでは、「緯度《いど》」と「経度《けいど》」という２つの数字《すうじ》を使《つか》うだけで位置《いち》が特定《とくてい》できるんだ。緯度《いど》は赤道《せきどう》から北《きた》または南《みなみ》にどれくらい離《はな》れているかを示《しめ》し、経度《けいど》は子午線《しごせん》から東《ひがし》または西《にし》にどれくらい離《はな》れているかを示《しめ》します。世界《せかい》のどこにいようと、今《いま》いる場所《ばしょ》の緯度《いど》が測《はか》れる道具《どうぐ》を作《つく》ってみよう！

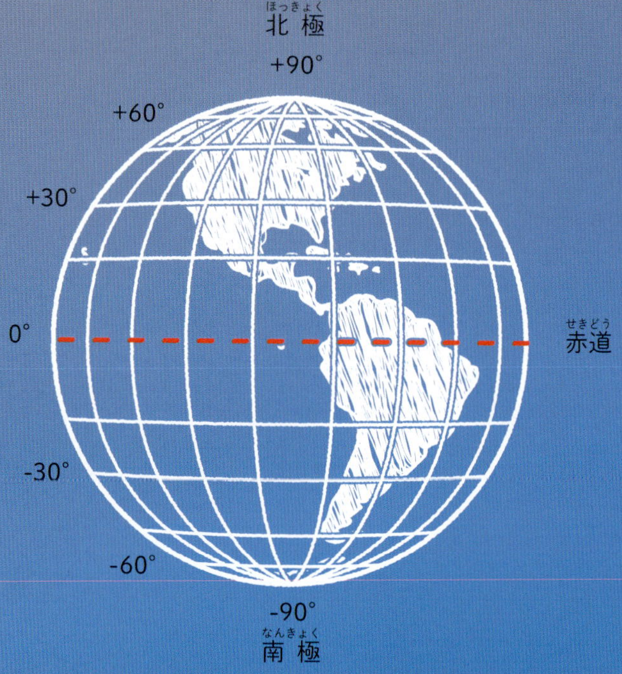

緯度《いど》の測定《そくてい》

地球《ちきゅう》の中央付近《ちゅうおうふきん》、北極《ほっきょく》と南極《なんきょく》から同《おな》じ距離《きょり》のところに「赤道《せきどう》」という想像上《そうぞうじょう》の線《せん》があります。赤道上《せきどうじょう》にいるなら緯度《いど》は０度《ど》です。北極《ほっきょく》だと北緯《ほくい》90度《ど》（+90°）、南《なん》極《きょく》だと南緯《なんい》90度《ど》（-90°）となります。きみのいる場《ば》所《しょ》はおそらく、その間《あいだ》のどこかにあたるはず。旅行《りょこう》で赤道《せきどう》に近《ちか》づく、または離《はな》れた場所《ばしょ》に行《い》くことがあれば、緯度《いど》ロケーターで測定《そくてい》し、結果《けっか》を記録《きろく》しよう。

0°
10°
20°
30°
40°
50°
60°
70°
80°

緯度《いど》ロケーターの作《つく》り方《かた》

この緯度《いど》ロケーター、作《つく》り方《かた》はとても簡単《かんたん》です。最初《さいしょ》に、付録《ふろく》の「緯度《いど》ロケーターテンプレート」（156 ページ）を紙《かみ》に書《か》き写《うつ》すかコピーを取《と》り、切《き》り取《と》ります。あともうちょっと切《き》り貼《ば》りするだけでできちゃうよ！

時間《じかん》
30 分《ぷん》

難易度《なんいど》
☆☆

準備《じゅんび》するもの

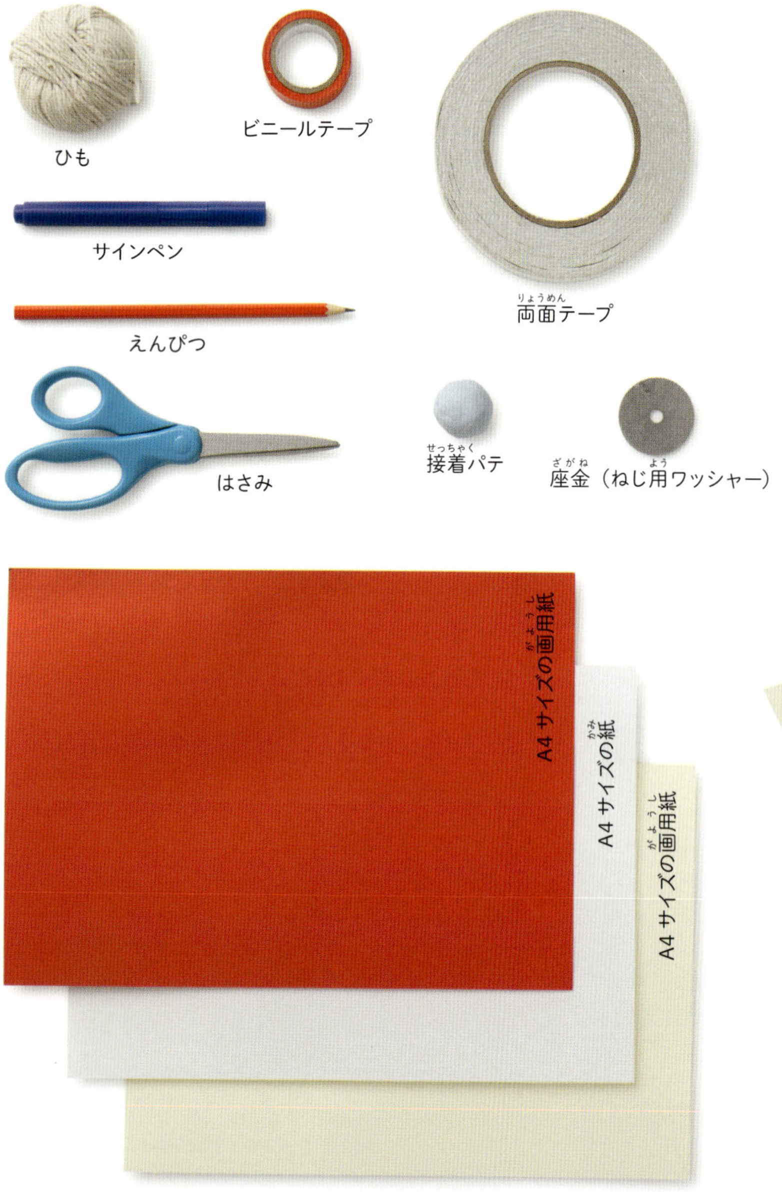
ひも
ビニールテープ
サインペン
えんぴつ
両面《りょうめん》テープ
はさみ
接着《せっちゃく》パテ
座金《ざがね》（ねじ用《よう》ワッシャー）
A4 サイズの画用紙《がようし》
A4 サイズの紙《かみ》
A4 サイズの画用紙《がようし》

画用紙《がようし》は
どんな色《いろ》でも
いいよ！

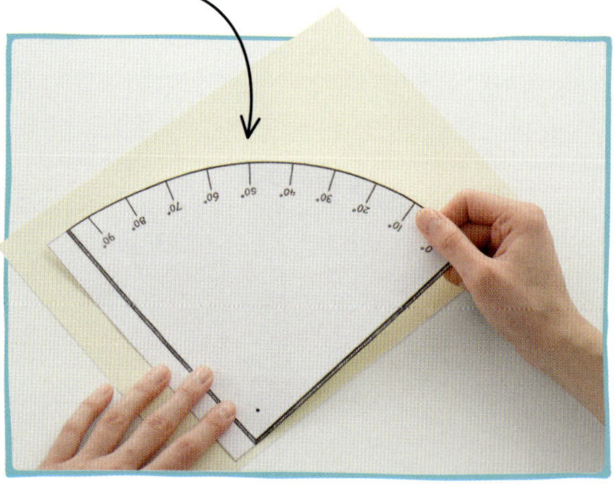

1 テンプレートの裏側《うらがわ》に両面《りょうめん》テープを 2 ～ 3 枚《まい》貼《は》ります。はく離紙《りし》をはがし、画用紙《がようし》の上《うえ》に貼《は》りつけます。

2 貼《は》りつけたテンプレートのかたちに沿《そ》って、画用紙《がようし》をはさみで切《き》ります。残《のこ》った画用紙《がようし》はリサイクルしてね。

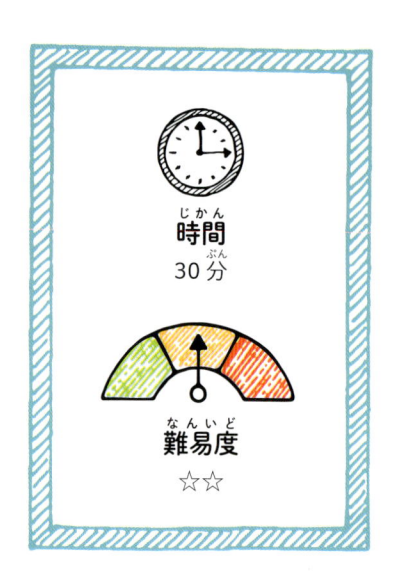

接着《せっちゃく》パテがあると
えんぴつを
刺《さ》しやすい

3 角《かど》にある丸《まる》じるしの下《した》に接着《せっちゃく》パテを置《お》きます。えんぴつの先《さき》で、小《ちい》さな穴《あな》をあけます。

4 ひもを20cmの長《なが》さに切《き》ります。ひもの一方《いっぽう》の端《はし》を穴《あな》に通《とお》し、画用紙《がようし》の裏側《うらがわ》で二重結《にじゅうむす》びにします。

1日《にち》の
日照時間《にっしょうじかん》は
緯度《いど》によって
異《こと》なる

5 もう1枚《まい》の画用紙《がようし》をペンにきつく巻《ま》き、細《ほそ》い筒《つつ》にします。これが、緯度《いど》を測《はか》るときにのぞき込《こ》む「サイティングチューブ（照準筒《しょうじゅんとう》）」になります。

ほどけてこないよう、
ペンに画用紙《がようし》を
ぎゅっと巻《ま》きつける

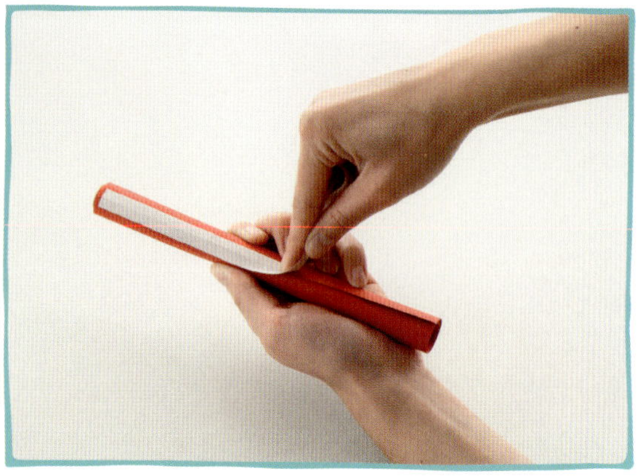

6 両面《りょうめん》テープの片面《かためん》を使《つか》い、チューブの画用紙《がようし》をくっつけます。チューブの端《はし》を持《も》って目線《めせん》に合《あ》わせ、見通《みとお》せることを確認《かくにん》します。

7 両面《りょうめん》テープのはく離紙《りし》をはがします。

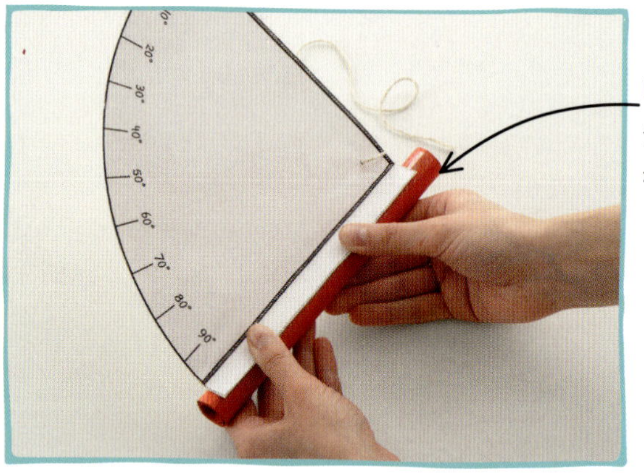

目盛《めも》りを取《と》りつけるとき、チューブがぐしゃっとならないようにね！

8 目盛《めも》りの端《はし》にあるつまみを折《お》り曲《ま》げ、チューブの両面《りょうめん》テープに貼《は》りつけます。

9 上《うえ》からビニールテープを貼《は》り、目盛《めも》りのつまみ部分《ぶぶん》とチューブをしっかり固定《こてい》します。

10 ワッシャーをひもに結《むす》び、目盛《めも》りの外側《そとがわ》にぶら下《さ》がるようにします。

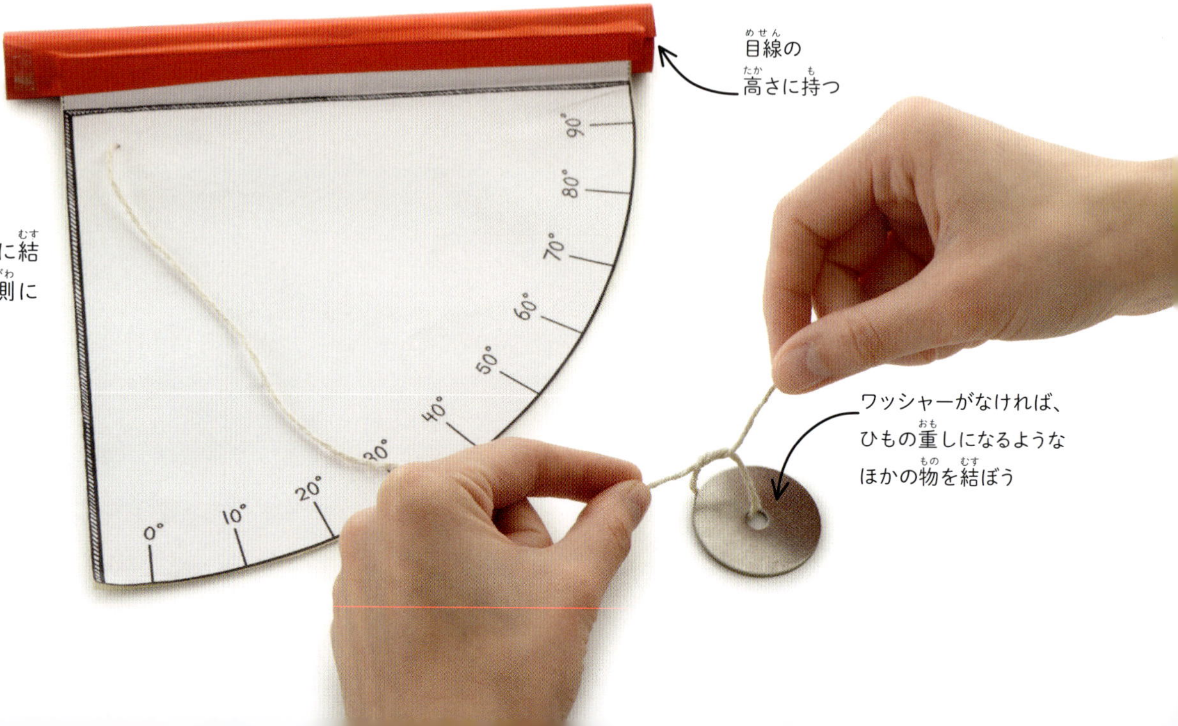

目線《めせん》の高《たか》さに持《も》つ

ワッシャーがなければ、ひもの重《おも》しになるようなほかの物《もの》を結《むす》ぼう

使《つか》い方《かた》

緯度《いど》ロケーターを使《つか》うには、晴《は》れた日《ひ》の夜《よる》に大人《おとな》の人《ひと》と一緒《いっしょ》に外《そと》に出《で》て、できるだけ外灯《がいとう》のない広々《ひろびろ》した場所《ばしょ》を探《さが》しましょう。つぎに、空《そら》に目印《めじるし》を見《み》つけます。北半球《きたはんきゅう》にいるなら「天《てん》の北極《ほっきょく》」、南半球《みなみはんきゅう》にいるなら「天《てん》の南極《なんきょく》」がよい目印《めじるし》になります。これらを見《み》つけるには、下《した》の図《ず》を参考《さんこう》にしてね。まずコンパスで北《きた》と南《みなみ》の方角《ほうかく》を調《しら》べると、やりやすいよ。目印《めじるし》が見《み》つかったら、サイティングチューブでのぞき、ワッシャーがぶら下《さ》がってることを確認《かくにん》します。ひもが指《さ》し示《しめ》す角度《かくど》が、今《いま》いる場所《ばしょ》の緯度《いど》です。

天《てん》の北極《ほっきょく》

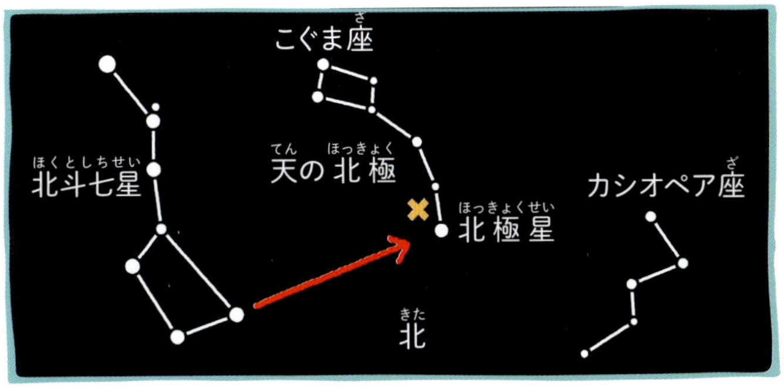
こぐま座《ざ》
北斗七星《ほくとしちせい》
天《てん》の北極《ほっきょく》
北極星《ほっきょくせい》
カシオペア座《ざ》
北《きた》

北半球《きたはんきゅう》にいるなら、北《きた》に向《む》かって立《た》ち、空《そら》を見上《みあ》げます。明《あか》るく輝《かがや》く北斗七星《ほくとしちせい》を探《さが》しましょう。北斗七星《ほくとしちせい》の右下《みぎした》にあたる星《ほし》から直線上《ちょくせんじょう》にたどったところに北極星《ほっきょくせい》が見《み》つかります。そのすぐ近《ちか》くが「天《てん》の北極《ほっきょく》」です。

天《てん》の南極《なんきょく》

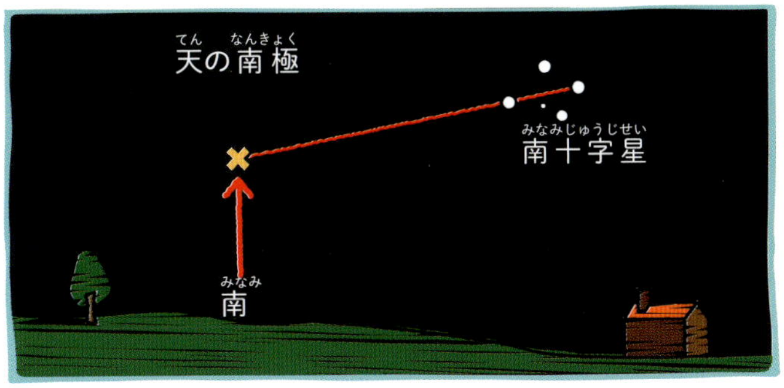
天《てん》の南極《なんきょく》
南十字星《みなみじゅうじせい》
南《みなみ》

南半球《みなみはんきゅう》にいるなら、天《てん》の南極《なんきょく》の近《ちか》くには明《あか》るい星《ほし》がないので、代《か》わりに南十字星《みなみじゅうじせい》という星座《せいざ》を探《さが》します。南十字星《みなみじゅうじせい》のいちばん離《はな》れた2つの星《ほし》から直線状《ちょくせんじょう》にたどったところと、真南《まみなみ》の地平線《ちへいせん》から上《うえ》に伸《の》びる想像上《そうぞうじょう》の線《せん》が交《まじ》わるところが「天《てん》の南極《なんきょく》」です。

どうしてこうなるの?

重力《じゅうりょく》とは、地球上《ちきゅうじょう》にあるすべてのものを惑星《わくせい》の中心《ちゅうしん》に向《む》けて引《ひ》っ張《ぱ》る力《ちから》のこと。重力《じゅうりょく》があるから、緯度《いど》ロケーターに取《と》りつけたひもとワッシャーが垂直《すいちょく》にぶら下《さ》がるのです。天《てん》の北極《ほっきょく》または天《てん》の南極《なんきょく》のどちらを見《み》ているにせよ、赤道上《せきどうじょう》にいるなら緯度《いど》は 0° です。北極点《ほっきょくてん》または南極点《なんきょくてん》にいるなら、天《てん》の極《きょく》が頭上《ずじょう》にあるので、緯度《いど》ロケーターのひもは北《きた》または南《みなみ》の 90° を指《さ》すでしょう。きみがいる位置《いち》は、この間《あいだ》のどこかにあたるはずだよ。

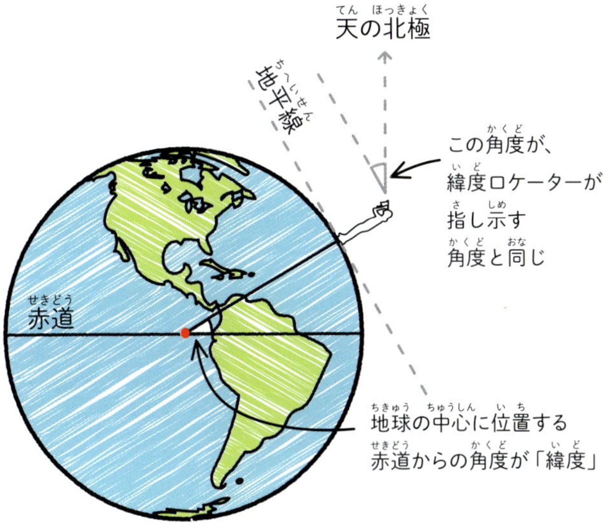
天《てん》の北極《ほっきょく》
地平線《ちへいせん》
この角度《かくど》が、緯度《いど》ロケーターが指《さ》し示《しめ》す角度《かくど》と同《おな》じ
赤道《せきどう》
地球《ちきゅう》の中心《ちゅうしん》に位置《いち》する赤道《せきどう》からの角度《かくど》が「緯度《いど》」

現実世界《げんじつせかい》では?

航海《こうかい》

衛星《えいせい》ナビゲーションが発明《はつめい》されるまでの船乗《ふなの》りは、物《もの》と物《もの》の間《あいだ》の角度《かくど》を測《はか》る便利《べんり》な道具《どうぐ》「六分儀《ろくぶんぎ》」を使《つか》って緯度《いど》を測定《そくてい》していました。六分儀《ろくぶんぎ》は現在《げんざい》でも使《つか》われています。経度《けいど》を調《しら》べるのにも使《つか》えるので、船乗《ふなの》りは、地球《ちきゅう》のどの位置《いち》にいるかを正確《せいかく》に把握《はあく》できるのです。

ペーパー日時計《ひどけい》

昼間《ひるま》、太陽《たいよう》が空《そら》を横切《よこぎ》りながら動《うご》くと、それにつれて物《もの》の影《かげ》も動《うご》きます。日時計《ひどけい》を使《つか》えば、この影《かげ》を使《つか》っておおよその時間《じかん》がわかるよ。日時計《ひどけい》は、ストローと紙《かみ》1枚《まい》だけで簡単《かんたん》に作《つく》れますが、使《つか》えるのは春《はる》から秋《あき》にかけてだけだよ。冬《ふゆ》は太陽《たいよう》の位置《いち》が低《ひく》すぎるので、ストローの影《かげ》が紙《かみ》に映《うつ》らないのです。（世界《せかい》のどの地域《ちいき》かによって使《つか》える時期《じき》が変《か》わるかもしれないね。日本《にっぽん》ではどうだろう？　試《ため》してみてね。）

太陽《たいよう》が西《にし》に
沈《しず》んでいくよ！

サマータイム用《よう》の日時計《ひどけい》

昼間《ひるま》の時間《じかん》が長《なが》くなる「サマータイム」が取《と》り入《い》れられている地域《ちいき》では、日時計《ひどけい》が示《しめ》す時間《じかん》を変更《へんこう》しないといけません。住《す》んでいる場所《ばしょ》でサマータイムがあるのか、あるならいつ始《はじ》まるのか、大人《おとな》の人《ひと》に確認《かくにん》してね。サマータイム期間中《きかんちゅう》は、日時計《ひどけい》に1時間追加《じかんついか》します。

おおよそ
午後《ごご》4時半《じはん》だね
6 P.M.
6 A.M.
7
8
9
10
11
12
1
2
3
4
5

ペーパー日時計《ひどけい》の作《つく》り方《かた》

最初《さいしょ》に、付録《ふろく》の「ペーパー日時計《ひどけい》テンプレート」（157ページ）をなぞって写《うつ》すか、コピーを取《と》ります。北半球用《きたはんきゅうよう》と南半球用《みなみはんきゅうよう》があるので、今《いま》どちらの半球《はんきゅう》にいるのかを確認《かくにん》して、正《ただ》しい方《ほう》を使《つか》ってね。そして、今《いま》いる場所《ばしょ》の「緯度《いど》」も、大人《おとな》の人《ひと》に聞《き》くかインターネットで調《しら》べてね。緯度《いど》ロケーターを作《つく》って調《しら》べてみてもいいよね！（作《つく》り方《かた》は144～149ページ）

時間《じかん》
15分《ふん》

難易度《なんいど》
☆☆

準備《じゅんび》するもの

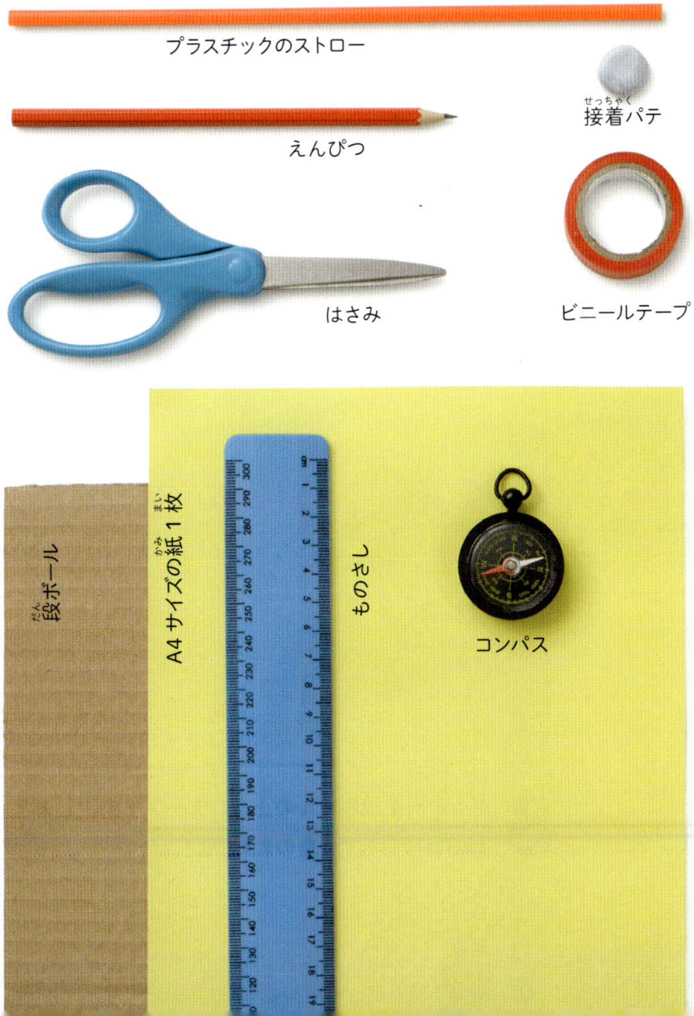
プラスチックのストロー
えんぴつ
接着《せっちゃく》パテ
はさみ
ビニールテープ
段《だん》ボール
A4サイズの紙《かみ》1枚《まい》
ものさし
コンパス

接着《せっちゃく》パテを使《つか》って、机《つくえ》を保護《ほご》する

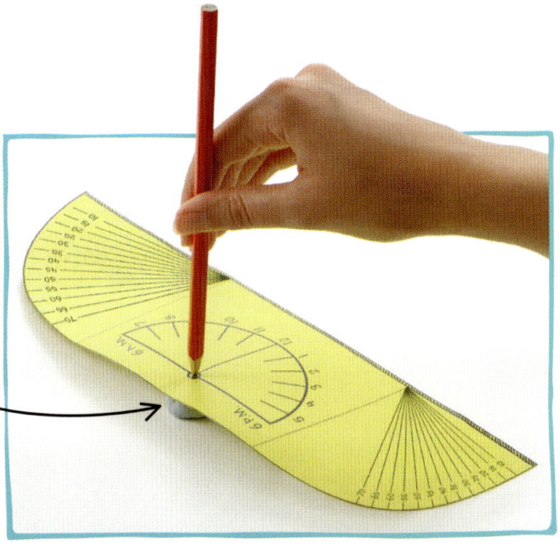

1 ペーパー日時計《ひどけい》テンプレートの写《うつ》しを切《き》り取《と》ります。時計《とけい》の目盛《めも》りにある小《ちい》さい丸《まる》じるしの下《した》に接着《せっちゃく》パテを置《お》き、えんぴつで穴《あな》をあけます。

2 今《いま》きみがいる場所《ばしょ》の緯度《いど》の目盛《めも》りに沿《そ》って端《はし》の部分《ぶぶん》に折《お》り目《め》をつけます。（写真《しゃしん》では50°）

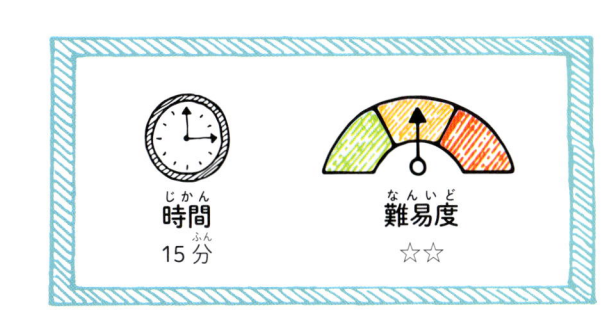

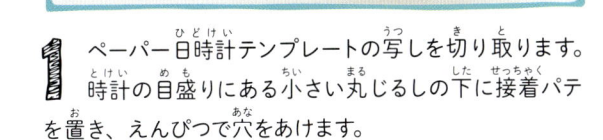

3 ひっくり返《かえ》し、折《お》り目《め》に沿《そ》って、今度《こんど》は逆向《ぎゃくむ》きに折《お》り曲《ま》げます。反対側《はんたいがわ》の目盛《めも》りでも、手順《てじゅん》2と3をくり返《かえ》します。

4 角度《かくど》をつけた部分《ぶぶん》を広《ひろ》げたら、2本《ほん》の点線《てんせん》に沿《そ》って折《お》り目《め》をつけます。

2つの角《かく》を
90° にする

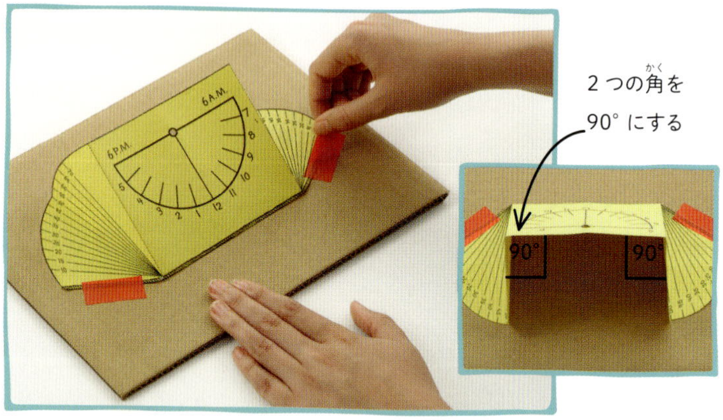

5 ビニールテープで、折《お》り目《め》をつけた日時計《ひどけい》を段《だん》ボールに貼《は》りつけます。日時計《ひどけい》の両側《りょうがわ》は垂直《すいちょく》に立《た》てます。

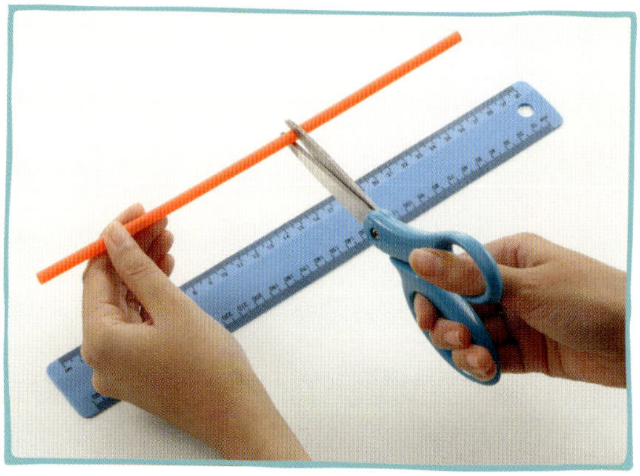

6 ストローを 15cm の長《なが》さに切《き》ります。これを針《はり》として使《つか》い、ストローが落《お》とす影《かげ》によって時間《じかん》がわかるのです。

7 ストローを日時計《ひどけい》の穴《あな》に上《うえ》から差《さ》し込《こ》みます。日時計《ひどけい》の文字盤《もじばん》に対《たい》して直角《ちょっかく》を保《たも》ってね。

位置合《いちあ》わせが
難《むずか》しかったら、
大人《おとな》の人《ひと》に
手伝《てつだ》ってもらってね

8 ストローを段《だん》ボールの土台《どだい》にテープで固定《こてい》します。日時計《ひどけい》に対《たい》して直角《ちょっかく》のままだよ！

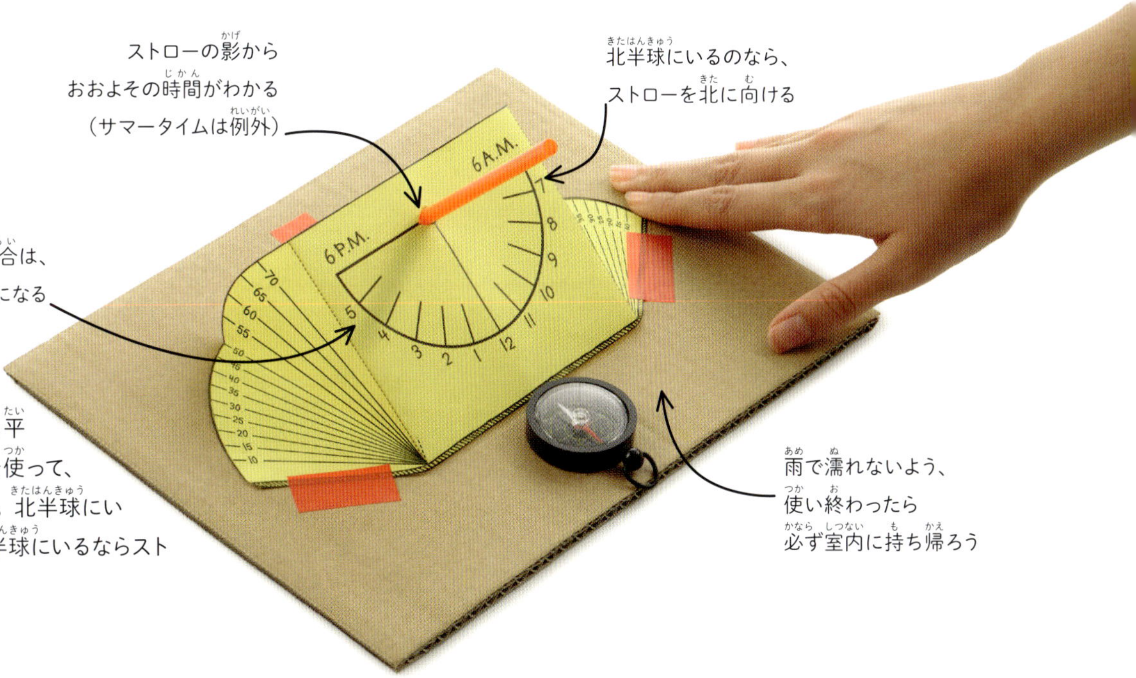
ストローの影《かげ》から
おおよその時間《じかん》がわかる
（サマータイムは例外《れいがい》）
北半球《きたはんきゅう》にいるのなら、
ストローを北《きた》に向《む》ける
6A.M.
6P.M.
南半球《みなみはんきゅう》の場合《ばあい》は、
時計《とけい》の数字《すうじ》が逆《ぎゃく》になる
雨《あめ》で濡《ぬ》れないよう、
使《つか》い終《お》わったら
必《かなら》ず室内《しつない》に持《も》ち帰《かえ》ろう

9 完成《かんせい》した日時計《ひどけい》を外《そと》に持《も》ち出《だ》し、太陽《たいよう》があたる平《たい》らな場所《ばしょ》に置《お》きます。コンパスを使《つか》って、日時計《ひどけい》の向《む》きを調整《ちょうせい》しましょう。北半球《きたはんきゅう》にいるならストローを北《きた》に向《む》け、南半球《みなみはんきゅう》にいるならストローを南《みなみ》に向《む》けます。

どうしてこうなるの？

地球《ちきゅう》という惑星《わくせい》が回転《かいてん》しているために、太陽《たいよう》は空《そら》を横切《よこぎ》って動《うご》いているように見《み》えるよね。東《ひがし》から昇《のぼ》り、正午《しょうご》に最高点《さいこうてん》に達《たっ》し、西《にし》へと沈《しず》んでいきます。地球《ちきゅう》は 24 時間《じかん》かけて丸《まる》1 周《しゅう》（360°）するので、1 時間《じかん》あたり 15° ずつ回転《かいてん》し、太陽《たいよう》が落《お》とす影《かげ》も 1 時間《じかん》に 15° ずつ動《うご》いています。日時計《ひどけい》には 15° 間隔《かんかく》で線《せん》が入《はい》っているので、1 つの間隔《かんかく》が 1 時間《じかん》を表《あらわ》しています。

北半球《きたはんきゅう》

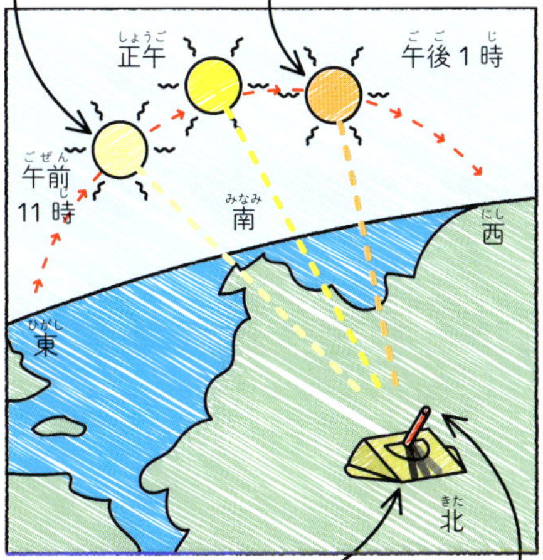
太陽《たいよう》は 1 時間《じかん》に
15° 動《うご》く
北半球《きたはんきゅう》では
太陽《たいよう》は南向《みなみむ》き
正午《しょうご》
午後《ごご》1 時《じ》
午前《ごぜん》
11 時《じ》
南《みなみ》
西《にし》
東《ひがし》
北《きた》
影《かげ》は 1 時間《じかん》に
15° 動《うご》く
ストローを
北《きた》に向《む》ける

南半球《みなみはんきゅう》

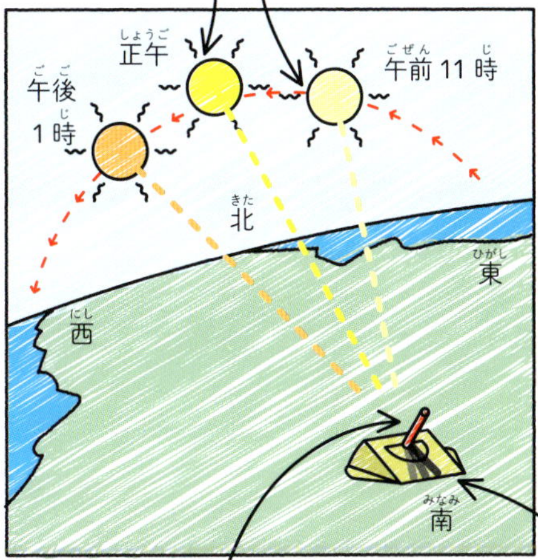
太陽《たいよう》は正午《しょうご》に
最高点《さいこうてん》に達《たっ》する
南半球《みなみはんきゅう》では
太陽《たいよう》は北向《きたむ》き
正午《しょうご》
午後《ごご》
1 時《じ》
午前《ごぜん》11 時《じ》
北《きた》
東《ひがし》
西《にし》
南《みなみ》
ストローを
南《みなみ》に向《む》ける
正午《しょうご》、影《かげ》は真南《まみなみ》を向《む》く

現実世界《げんじつせかい》では？

影《かげ》の長《なが》さ

自分《じぶん》の影《かげ》が長《なが》くなるのは日《ひ》の出《で》の直後《ちょくご》と日没《にちぼつ》の直前《ちょくぜん》、太陽《たいよう》の位置《いち》が低《ひく》くなるときです。影《かげ》がいちばん短《みじか》くなるのは正午《しょうご》だよ。春分《しゅうぶん》か秋分《しゅんぶん》の日《ひ》に赤道上《せきどうじょう》に立《た》つと、太陽《たいよう》がちょうど頭上《ずじょう》にあるので影《かげ》がまったく見《み》えません。

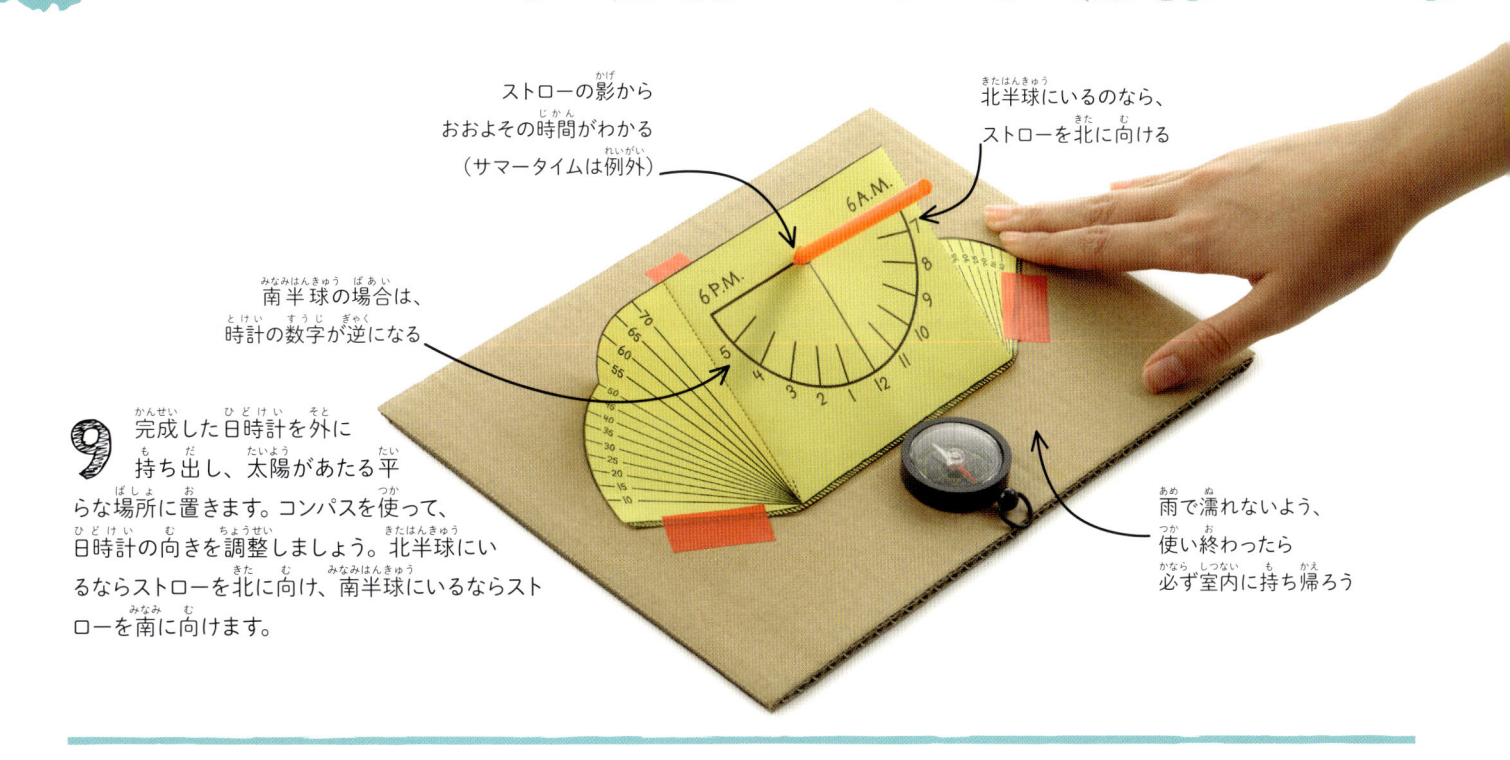

テンプレート

くるくるヘリコプター、ペットボトルロケット、緯度《いど》ロケーター、ペーパー日時計《ひどけい》を作《つく》るのに必要《ひつよう》なテンプレートです。紙《かみ》を重《かさ》ねて線《せん》をなぞるか、コピーを取《と》るといいよ。ペーパー日時計《ひどけい》のテンプレートは北半球用《きたはんきゅうよう》と南半球用《みなみはんきゅうよう》があるから、正《ただ》しい方《ほう》を使《つか》ってね。

ピンポン玉風速計《だまふうそくけい》 p.58

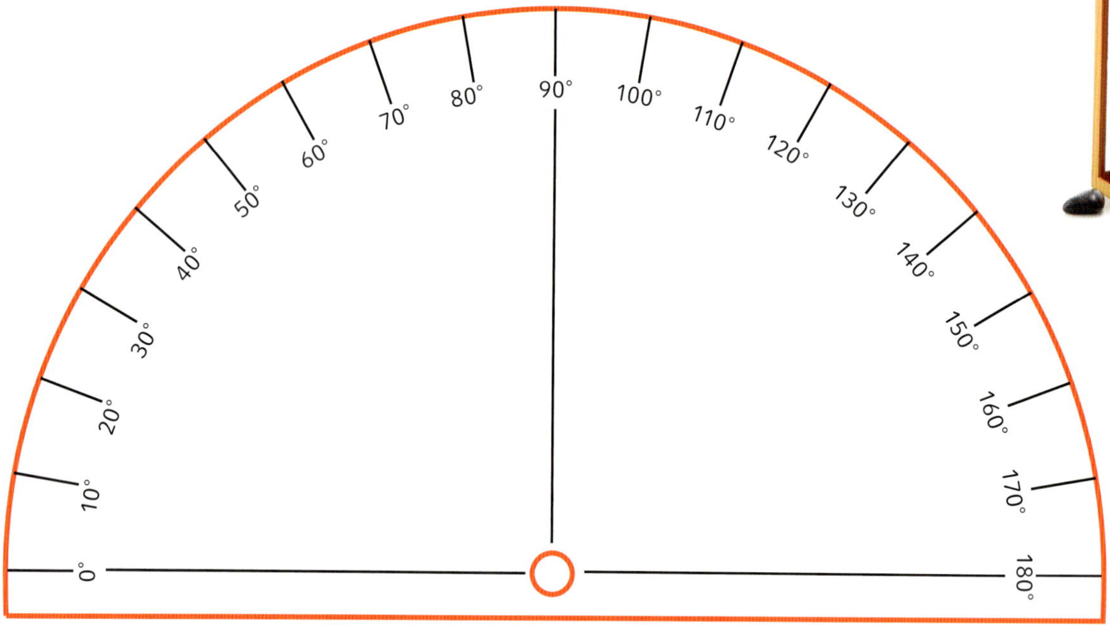

くるくるヘリコプター p.106

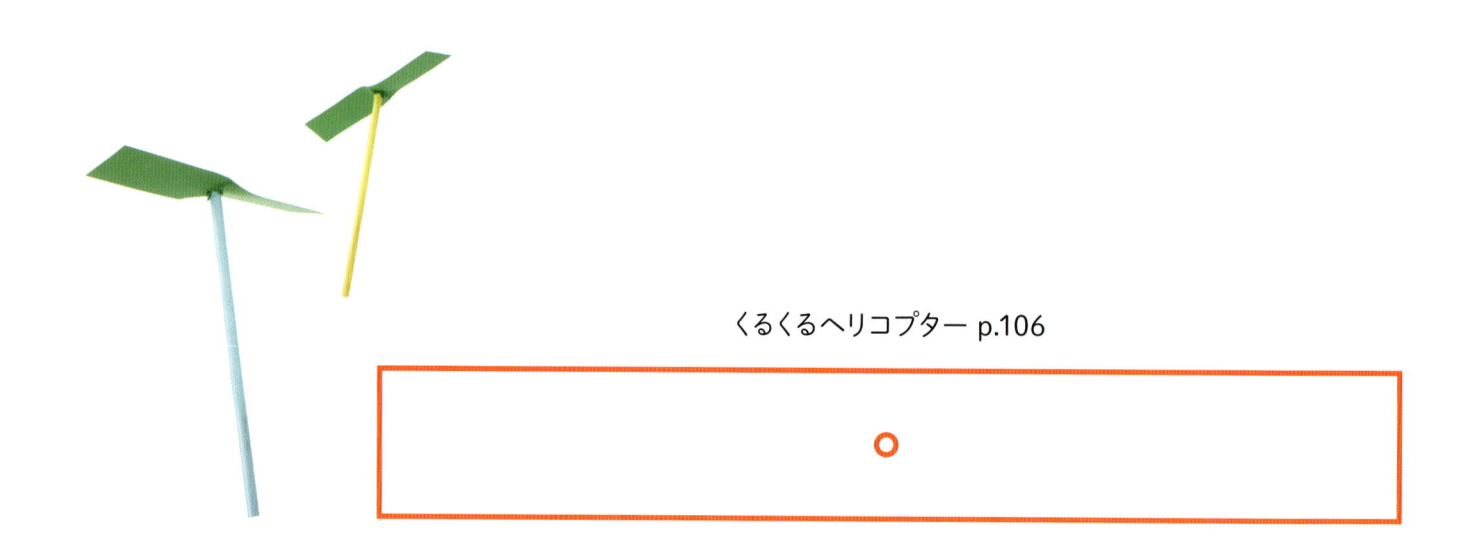

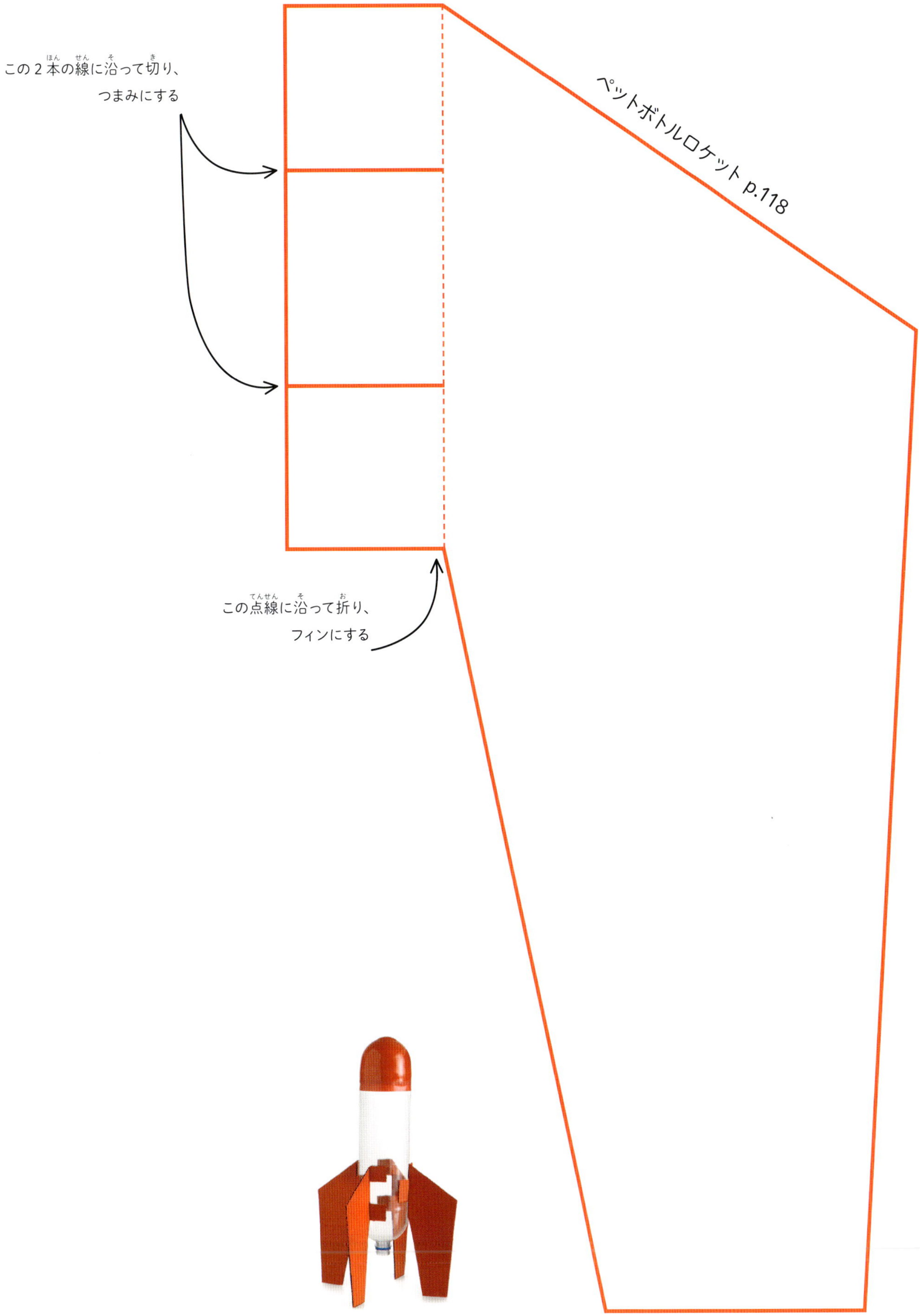
この 2 本《ほん》の線《せん》に沿《そ》って切《き》り、
つまみにする
ペットボトルロケット p.118
この点線《てんせん》に沿《そ》って折《お》り、
フィンにする

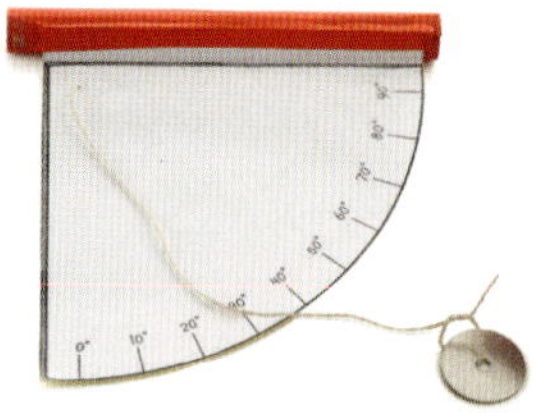

緯度《いど》ロケーター p.144

この点線《てんせん》に沿《そ》って
折《お》ってつまみにし、
照準筒《しょうじゅんとう》に取《と》りつける

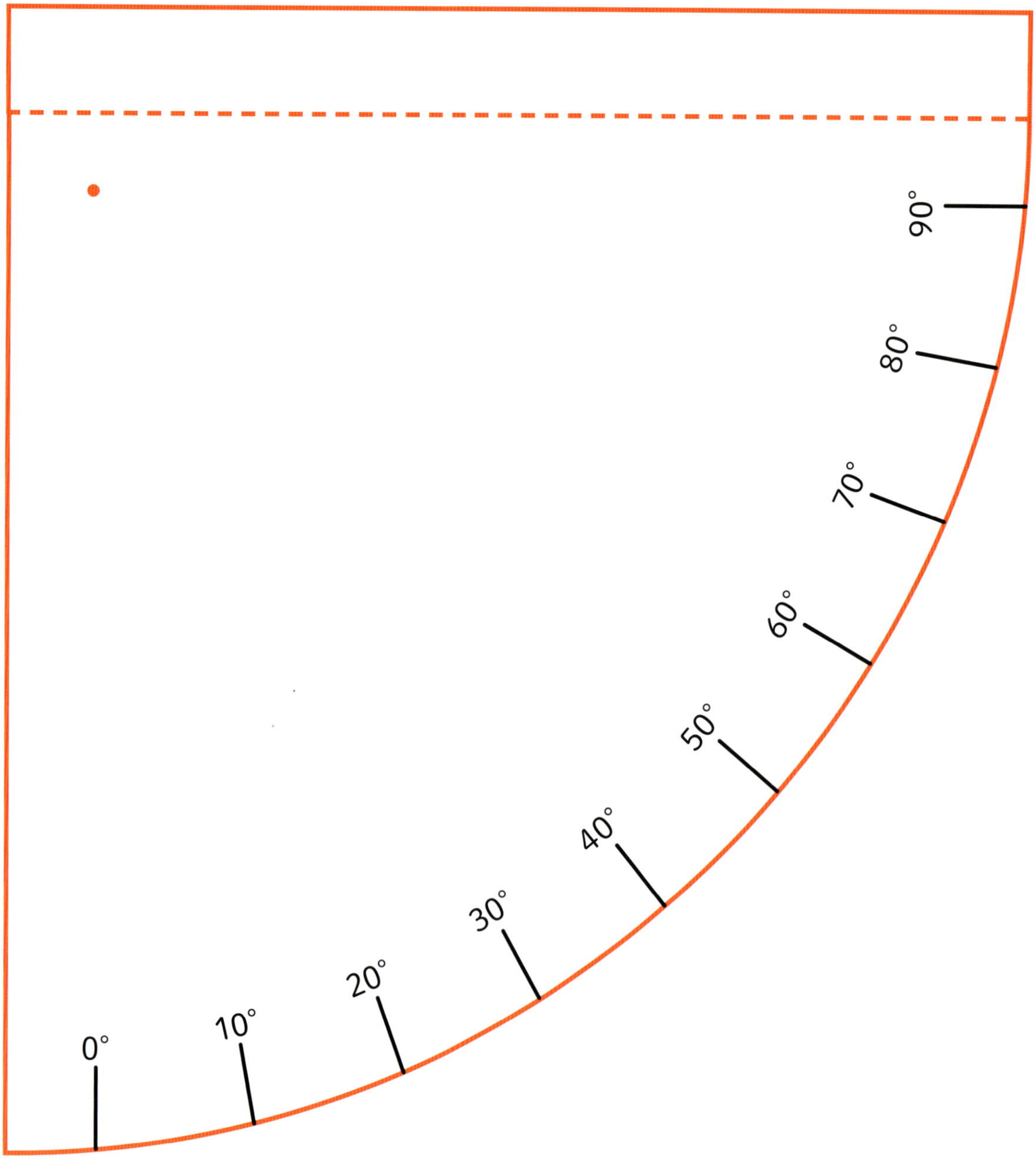

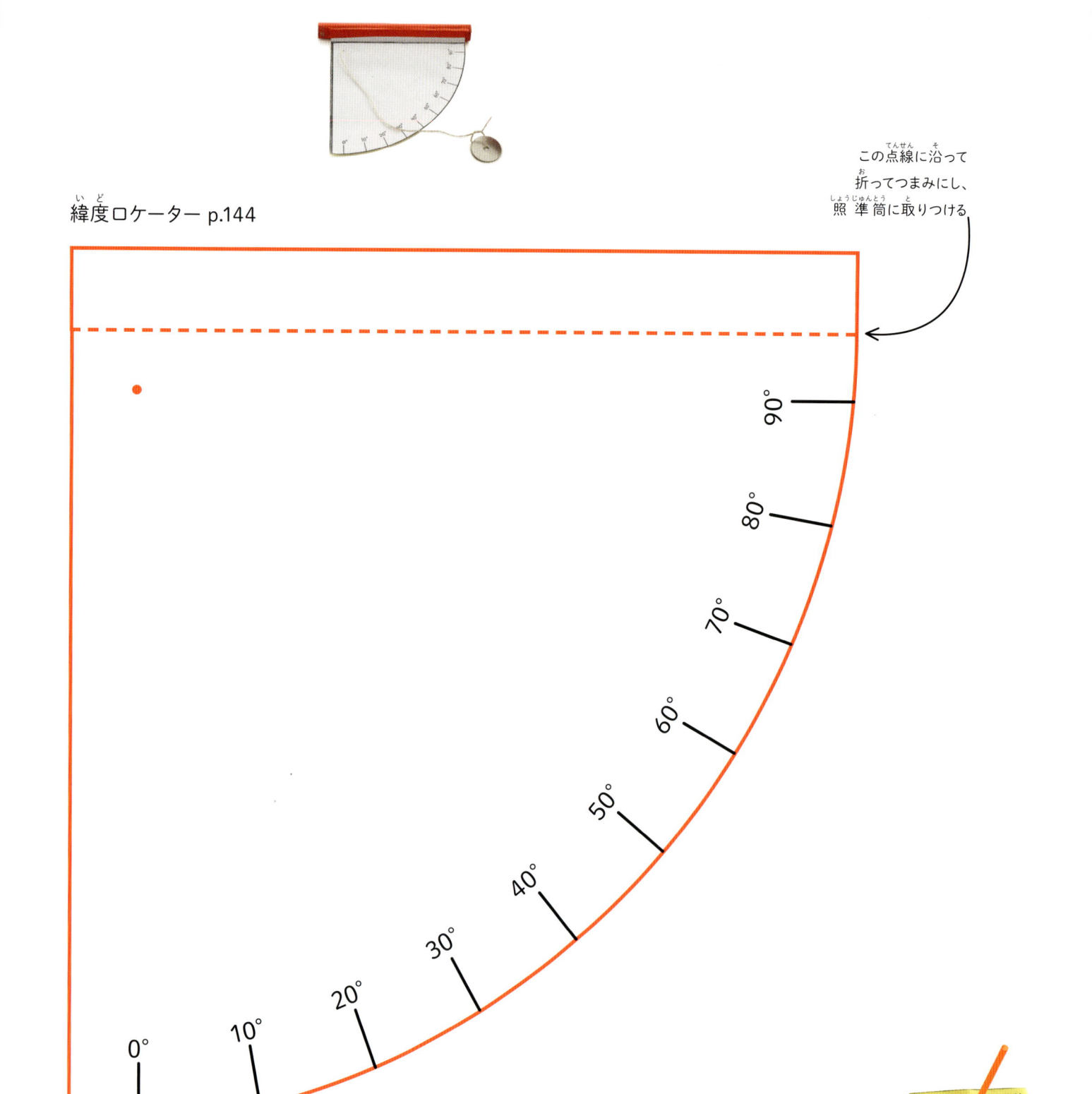

ペーパー日時計《ひどけい》（北半球用《きたはんきゅうよう》）p.150

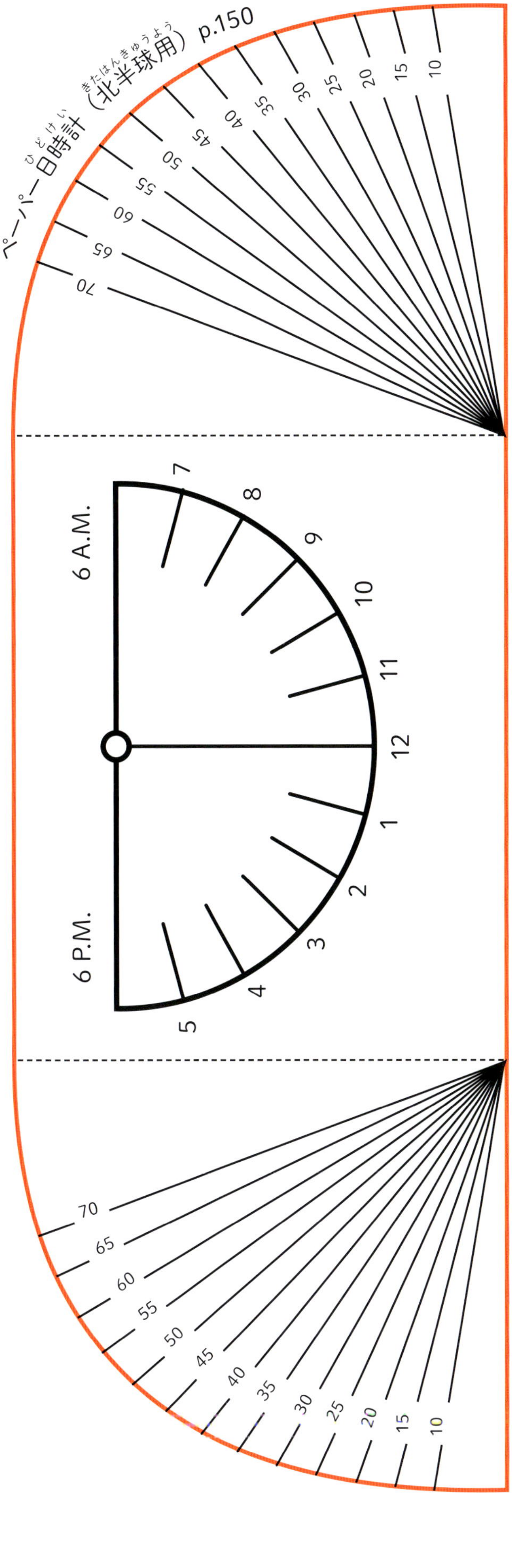

ペーパー日時計《ひどけい》（南半球《みなみはんきゅう》用）p.150

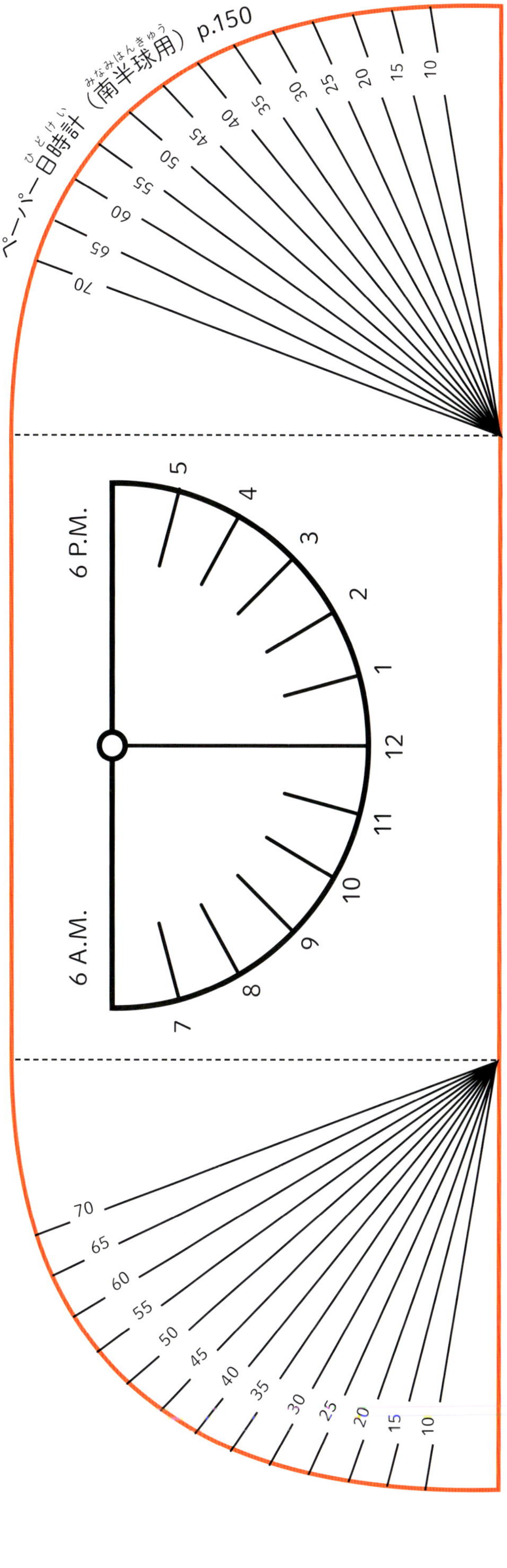

用語集《ようごしゅう》

圧力《あつりょく》

空気《くうき》や水《みず》が物体《ぶったい》を押《お》す力《ちから》。高《たか》い山《やま》に登《のぼ》るほど気圧《きあつ》は低《ひく》くなり、海《うみ》に深《ふか》く潜《もぐ》るほど水圧《すいあつ》は高《たか》くなる。

緯度《いど》

赤道《せきどう》から北《きた》または南《みなみ》にどれくらい離《はな》れているかを示《しめ》す数値《すうち》。赤道《せきどう》の緯度《いど》は0°、北極《ほっきょく》の緯度《いど》は90°、南極《なんきょく》の緯度《いど》は－90°となる。

渦《うず》

液体《えきたい》や気体《きたい》の回転《かいてん》している部分《ぶぶん》。水《みず》が排水口《はいすいこう》に流《なが》れるときにできる渦巻《うずま》き状《じょう》の水《みず》など。きみが空気中《くうきちゅう》を動《うご》くときも、目《め》には見《み》えないけど渦《うず》ができているんだよ！

円柱《えんちゅう》

断面《だんめん》が円形《えんけい》の立体《りったい》。ボール紙《がみ》の筒《つつ》など。

化合物《かごうぶつ》

2つ以上《いじょう》の異《こと》なる要素《ようそ》を化合《かごう》させた原子《げんし》を含《ふく》む物質《ぶっしつ》。

カモフラージュ

まわりの環境《かんきょう》と色《いろ》や模様《もよう》を合《あ》わせ、物体《ぶったい》を目立《めだ》たなくすること。多《おお》くの動物《どうぶつ》は天敵《てんてき》から身《み》を守《まも》るため、毛皮《けがわ》や皮《かわ》でカモフラージュしている。

気圧《きあつ》

空気《くうき》の圧力《あつりょく》で、地球《ちきゅう》を取《と》り囲《かこ》む「大気《たいき》」の層《そう》の重《おも》みによって発生《はっせい》する。

気圧計《きあつけい》

気象学者《きしょうがくしゃ》が気圧《きあつ》を測《はか》るのに使《つか》う道具《どうぐ》。

気象学者《きしょうがくしゃ》

天気《てんき》について研究《けんきゅう》する科学者《かがくしゃ》のこと。気象予報士《きしょうよほうし》など。

キャリブレーション

温度計《おんどけい》や気圧計《きあつけい》などの計測《けいそく》装置《そうち》の目盛《めも》りに数値《すうち》を書《か》き入《い》れること。これにより、目盛《めも》りが上《あ》がったか下《さ》がったかだけでなく、正確《せいかく》な数値《すうち》で把握《はあく》できるようになる。

球《きゅう》

ボールのような丸《まる》い形《かたち》をした立体物《りったいぶつ》。

菌糸体《きんしたい》

菌類《きんるい》の主要部分《しゅようぶぶん》で、目《め》に見《み》えないくらい細《ほそ》い糸《いと》でできている。キノコは、地中《ちちゅう》に隠《かく》れている菌糸体《きんしたい》が成長《せいちょう》したもの。

菌類《きんるい》

生物《せいぶつ》の一種《いっしゅ》で、植物《しょくぶつ》でも動物《どうぶつ》でもない。枯《か》れた木《き》など、腐《くさ》りかけのものを栄養《えいよう》にして成長《せいちょう》する。キノコは菌類《きんるい》の一部《いちぶ》で、地上《ちじょう》で大《おお》きくなる。

結晶《けっしょう》

規則正《きそくただ》しく配列《はいれつ》した固体《こたい》。ダイヤモンドのように平《たい》らな面《めん》と直線状《ちょくせんじょう》の角《かど》でできているものが多《おお》い。結晶《けっしょう》が規則的《きそくてき》なかたちをしているのは、原子《げんし》が同《おな》じパターンで並《なら》んでいるため。

コロイド

混《ま》ぜ合《あ》わせた2つの化学《かがく》物質《ぶっしつ》が溶《と》け合《あ》わない場合《ばあい》にコロイドとなる。通常《つうじょう》、小《ちい》さな滴《しずく》やほかの化学物質《かがくぶっしつ》から分散《ぶんさん》された泡《あわ》からできている。

細菌《さいきん》

とても小《ちい》さな生物《せいぶつ》で、顕微鏡《けんびきょう》でしか見《み》えない。チーズ作《づく》りに使《つか》える役《やく》に立《た》つ細菌《さいきん》もあるけど、多《おお》くは病気《びょうき》を引《ひ》き起《お》こしたり、食《た》べ物《もの》を腐《くさ》らせる原因《げんいん》となる。

細胞《さいぼう》

生《い》きている生物《せいぶつ》の最小単位《さいしょうたんい》。すべての生《い》き物《もの》は細胞《さいぼう》でできている。細菌《さいきん》には細胞《さいぼう》が1つしかないけど、木《き》などはものすごい数《かず》の細胞《さいぼう》からできている。きみと同《おな》じだよ！

磁区《じく》

鉄《てつ》のように、磁性《じせい》を持《も》つ物質《ぶっしつ》の一部分《いちぶぶん》。それぞれの磁区《じく》には磁場《じば》があり、磁気《じき》を帯《お》びると、すべての磁区《じく》が同《おな》じ向《む》きになる。

湿度《しつど》

空気中《くうきちゅう》に含《ふく》まれる水蒸気《すいじょうき》の割合《わりあい》。湿度《しつど》が高《たか》いと雨《あめ》や霧《きり》が発生《はっせい》しやすい。

質量《しつりょう》

ある物体《ぶったい》における物質《ぶっしつ》の量《りょう》。

磁場《じば》

磁石《じしゃく》のまわりにある、ほかの磁石《じしゃく》や磁性物質《じせいぶっしつ》が力《ちから》を受《う》ける範囲《はんい》。

シャボン膜《まく》

液体《えきたい》でできた薄《うす》い膜《まく》で、シャボン玉《だま》の外側《そとがわ》を形《かたち》づくる。

重量《じゅうりょう》

重力《じゅうりょく》によって物体《ぶったい》にかかる下向《したむ》きの力《ちから》。ある物体《ぶったい》の質量《しつりょう》が大《おお》きいほど、重量《じゅうりょう》も大《おお》きい。

細胞壁《さいぼうへき》を作《つく》ることで細《ほそ》い管《くだ》を強《つよ》くし、茎《くき》から葉《は》っぱへと水《みず》を運《はこ》ぶ。

疎水性《そすいせい》

水《みず》と混《ま》ざりにくい性質《せいしつ》のこと。

体積《たいせき》

ある物体《ぶったい》が占《し》める空間《くうかん》の大《おお》きさ。ふつうは、ミリリットル、リットル、立方《りっぽう》メートルであらわす。

地質学《ちしつがく》

岩《いわ》、土《つち》、山《やま》など、地球《ちきゅう》の地面《じめん》や内部《ないぶ》の形成《けいせい》についての科学研究《かがくけんきゅう》。

等圧線《とうあつせん》

天気図《てんきず》で気圧《きあつ》が同《おな》じ地点《ちてん》を結《むす》んだ線《せん》のこと。

根覆《ねおお》い（マルチ）

植物《しょくぶつ》を育《そだ》てる土《つち》の上《うえ》に敷《し》く枯《か》れ葉《は》やその他《ほか》の植物《しょくぶつ》。土《つち》を守《まも》ってくれる。

粘液《ねんえき》

生物《せいぶつ》が作《つく》るぬるぬるした液体《えきたい》で、水《みず》とその他《ほか》の物質《ぶっしつ》でできている。きみの体《からだ》の中《なか》でも、粘液《ねんえき》が食《た》べ物《もの》の消化器官《しょうかきかん》の通《とお》りを良《よ》くしたり、鼻《はな》の中《なか》の細菌《さいきん》をつかまえて肺《はい》に入《はい》るのを防《ふせ》いだりしている。

半球《はんきゅう》

球体《きゅうたい》の半分《はんぶん》のこと。とくに、地球《ちきゅう》の赤道《せきどう》より上《うえ》、または下《した》の半分《はんぶん》を意味《いみ》する。

風速計《ふうそくけい》

気象学者《きしょうがくしゃ》が風《かぜ》のスピードを測《はか》るのに使《つか》う道具《どうぐ》。通常《つうじょう》、時速《じそく》キロメートルであらわす。

吻《ふん》

蝶《ちょう》やその他《ほか》の昆虫《こんちゅう》が食物《しょくもつ》を吸《す》い込《こ》む管《くだ》のこと。ゾウなど哺乳動物《ほにゅうどうぶつ》の突《つ》き出《で》た鼻《はな》なども吻《ふん》にあたる。

不溶解性《ふようかいせい》

混《ま》ざり合《あ》わない性質《せいしつ》。水《みず》と油《あぶら》のように2つの液体《えきたい》が混《ま》ざらないことをいう。

分子《ぶんし》

物質《ぶっしつ》のとても小《ちい》さな粒子《りゅうし》で、2つ以上《いじょう》の原子《げんし》が結合《けつごう》してできている。例《たと》えば、水分子《みずぶんし》は水素原子《すいそげんし》2個《こ》と酸素原子《さんそげんし》1個《こ》が結合《けつごう》したもの (H_2O)。特定《とくてい》の物質《ぶっしつ》の分子《ぶんし》はすべて同《おな》じ。

密度《みつど》

一定《いってい》の体積《たいせき》あたりの質量《しつりょう》。岩《いわ》は水《みず》よりもはるかに密度《みつど》が高《たか》い。

溶液《ようえき》

分子《ぶんし》や原子《げんし》に分解《ぶんかい》された物質《ぶっしつ》が、液体《えきたい》の分子《ぶんし》と完全《かんぜん》に混《ま》ざったもの。砂糖《さとう》が水《みず》に溶《と》けたものなど。

溶媒《ようばい》

溶液《ようえき》を作《つく》るために、溶《と》かしやすくする液体《えきたい》。空気中《くうきちゅう》に蒸発《じょうはつ》しやすい液体《えきたい》を意味《いみ》することもある。蒸発《じょうはつ》すると、溶《と》かしたものがあとに残《のこ》る。

リサイクル

もう使《つか》わなくなったものの素材《そざい》から何《なに》か新《あたら》しいものを作《つく》ること。プラスチックや金属《きんぞく》は、いったん溶《と》かしてから新《あたら》しいものに作《つく》り変《か》えられる。

ローターブレード（回転翼《かいてんよく》）

ヘリコプターの回転《かいてん》する翼《つばさ》の部分《ぶぶん》。空中《くうちゅう》を動《うご》きながら、「揚力《ようりょく》」という上向《うわむ》きの力《ちから》を生《う》み出《だ》す。

重力《じゅうりょく》

物体《ぶったい》を地上《ちじょう》に引《ひ》きつけようとする力《ちから》。あらゆるものを地球《ちきゅう》の中心《ちゅうしん》に向《む》けて引《ひ》き寄《よ》せ、重《おも》さを与《あた》える。

侵食《しんしょく》

徐々《じょじょ》にすり減《へ》ること。岩《いわ》や土《つち》は、風《かぜ》や雨《あめ》によって侵食《しんしょく》される。

親水性《しんすいせい》

水《みず》に引《ひ》き寄《よ》せられる性質《せいしつ》。

水耕法《すいこうほう》

土《つち》を使《つか》わずに植物《しょくぶつ》を育《そだ》てる方法《ほうほう》。水耕栽培《すいこうさいばい》する植物《しょくぶつ》は、ふつうは土《つち》からもらう栄養分《えいようぶん》を水《みず》から得《え》る。

水蒸気《すいじょうき》

水《みず》が蒸発《じょうはつ》するときに空気中《くうきちゅう》にできる、目《め》に見《み》えない気《き》体《たい》。

生息地《せいそくち》

ある生物《せいぶつ》が生息《せいそく》している場所《ばしょ》。

赤道《せきどう》

北極《ほっきょく》と南極《なんきょく》の間《あいだ》、地球《ちきゅう》の真《ま》ん中《なか》にある想像上《そうぞうじょう》の線《せん》。

セルロース（繊維素《せんいそ》）

植物《しょくぶつ》によって作《つく》られる物質《ぶっしつ》。

図版《ずはん》出版《しゅっぱん》

The publisher would like to thank the following people for their assistance in the preparation of this book:
NandKishor Acharya, Alex Lloyd, Syed MD Farhan, Pankaj Sharma, and Smjilka Surla for design assistance; Sam Atkinson, Ben Ffrancon Davies, Sarah MacLeod, and Sophie Parkes for editorial assistance; Steve Crozier for picture retouching; Sean Ross for additional illustrations; Jemma Westing for making and testing experiments; Helen Peters for indexing; Victoria Pyke for proofreading; Caleb Gilbert, Hayden Gilbert, Molly Greenfield, Nadine King, Kit Lane, Helen Leech, Sophie Parkes, Rosie Peet, and Abi Wright for modelling.

The publisher would like to thank the following for their kind permission to reproduce their photographs:
(Key: a-above; b-below/bottom; c-centre; f-far; l-left; r-right; t-top)

15 Alamy Stock Photo: Prime Ministers Office (br). **19 naturepl.com:** Adrian Davies (br). **25 Alamy Stock Photo:** Jeff Gynane (tr). **31 Alamy Stock Photo:** Science History Images (bl). **35 Getty Images:** Mmdi (crb). **39 Getty Images:** Bloomberg (crb). **43 Alamy Stock Photo:** Mira (bl). **49 123RF.com:** Adrian Hillman (bl). **53 Alamy Stock Photo:** Joel Douillet (bl). **57 Alamy Stock Photo:** YAY Media AS (bc). **65 Depositphotos Inc:** flypix (bl). **71 123RF.com:** bjul (crb). **79 Alamy Stock Photo:** Nature Photographers Ltd (br). **85 Alamy Stock Photo:** RGB Ventures / SuperStock (t). **89 NASA:** (crb). **91 Anatoly Beloshchin:** (crb). **99 Dreamstime.com:** Maria Medvedeva (cr). **103 Alamy Stock Photo:** NOAA (bc). **109 123RF.com:** aleksanderdn (crb). **117 123RF.com:** epicstockmedia (bl). **125 Alamy Stock Photo:** Newscom (br). **131 Ardea:** Augusto Leandro Stanzani (br). **137 123RF.com:** Dmitry Maslov (bl). **143 Alamy Stock Photo:** Dafinchi (bl).
149 Alamy Stock Photo: Dino Fracchia (crb). **153 Alamy Stock Photo:** Sergio Azenha (crb)

All other images © Dorling Kindersley
For further information see: www.dkimages.com

本書の内容に関するお問い合わせは、**書名、発行年月日、該当ページを明記**の上、書面、FAX、お問い合わせフォームにて、当社編集部宛にお送りください。**電話によるお問い合わせはお受けしておりません。**
また、本書の範囲を超えるご質問等にもお答えできませんので、あらかじめご了承ください。
FAX：03−3831−0902
お問い合わせフォーム：http://www.shin-sei.co.jp/np/contact-form3.html

落丁・乱丁のあった場合は、送料当社負担でお取替えいたします。当社営業部宛にお送りください。

理系アタマがぐんぐん育つ 科学のトビラを開く！ 実験・観察大図鑑

2018年7月15日 初版発行

著　者　ロバート・ウィンストン
訳　者　西川由紀子
発行者　富永靖弘

発行所 東京都台東区台東２丁目24 株式会社 新星出版社
〒110-0016 ☎03(3831)0743

Printed in China

ISBN978-4-405-02251-5